JN081182

「特攻」のメカニズム

中日新聞記者
加藤 拓

中日新聞社

まえがき

淡々とした語り口、か細い声。それでも、ひと言ひと言に祖国への憤りが込められていた。「テロの脅威、大量破壊兵器の存在、中東の民主化…。口実はころころ変わるが、戦争をやりたい人間にとって理由は何だっていいのだ」。世界的な言語学者でありながら、国際政治や現代社会に鋭い批評を発信し続けるノーム・チョムスキー氏。二〇〇四年三月末、まだ雪が舞う米北東部マサチューセッツ州ケンブリッジで、この「知の巨人」をインタビューした。米軍がフセイン政権打倒を掲げ、武力行使に踏み切ったイラク戦争の開戦から一年余りがたっていた。

世界を震撼させた〇一年の米中枢同時テロ（9・11）以降、テロ対策を理由にアフガニスタン侵攻やイラク戦争など武力行使に踏み切った米国。同氏は、暴力が暴力を生み、憎悪と報復の連鎖につながるとして「米国こそテロ国家の親玉だ」と厳しく批判していた。「正論」ではあったが、9・11の恐怖と怒りに包まれていた当時の米国内では異端視扱いされ、大手メディアはほとんど無視した。それでも小さな集会で講演し、地方メディアの取材などで持論を語ることをやめなかった。言論の孤独を恐れず、米国民の良心に訴える反骨の知識人は、私とのインタビューでこうも語っている。「戦前の日本も中国に『満州国』をつくった際『大東亜共栄圏』という〝素晴らしい〟理念を掲げた。あらゆるレトリックを駆使して自らの行為を正当化する。これが帝国のやり方だ」

国民の恐怖と憎悪を巧みに操り、あたかもそれが正義であるかのように振る舞う国家の暴走。狂信的で空虚なスローガンの下、個人の自由が奪われ、言論が封殺される沈黙した社会。私たちは今、このおぞましい光景を再び目にすることになった。国際社会を無視して、ウクライナに武力侵攻したロシアである。ただ、国や組織の論理が個人を無力化し、悲劇的な結末をもたらすのは戦時下だけではない。データ改ざんによる品質不正問題や長時間労働を背景にした過労死、従業員を死へと至らしめる職場のいじめやハラスメント——。程度の差こそあれ、組織に起因した問題は私たちの身の回りでも頻発し、日本社会が抱える病巣としてクローズアップされている。その意味で、チョムスキー氏の警告は単に遠く離れた海外や歴史に対してだけではなく、私たちの日常生活にも向けられている。

本書は、一九年五月から足かけ五年にわたり中日新聞で掲載した大型連載「『特攻』のメカニズム」をベースに加筆、修正し、単行本化したものだ。太平洋戦争末期の陸軍特別攻撃隊を取材テーマに、生き残った隊員や遺族などの証言、日記、手紙などを取材し、個人の生死より国家を優先した戦時下の狂気と恐怖、非人間的な組織の論理を暴いた。さらに、組織優先の論理や風潮が戦後の日本社会に引き継がれ、企業不祥事や過労死など個人が犠牲になる温床になっていると警鐘を鳴らしている。過去の歴史を振り返るだけでなく、現代に生きる私たちが学ぶべき教訓として描かれている。

執筆した加藤拓記者は「特攻隊員一人一人が生きた証しを記録にとどめたい」との思いから、中日新聞社入社前の大学院時代から特攻の調査、研究を続けていた。いわば、ライフワークとも言えるもので、十三年かけて調査した特攻隊員七千以上の名前や足跡、参考文献を収録した資料「陸軍航空特別攻撃隊　各部隊総覧」が本書の膨大な事実を裏付ける土台ともなっている。戦局が悪化する中で命令のない強制力が名目上の「志願」へとすり替わり、若者たちを特攻へと追い立てていたとする加藤記者の指摘は今も日本社会に深く根を張る同調圧力や無責任体質を彷彿とさせ、現実感を持って胸に迫ってくる。二度の出撃命令を受けながら生き残り、戦後は旧満州をさまよい、シベリア抑留も経験した元隊員の壮絶な半生は「軍神」と崇められた特攻のイメージにほど遠く、戦争の愚かさや悲惨さを生々しく伝えている。

「歴史とは現在と過去との絶え間ない対話である」。英歴史学者E・H・カーが残した言葉だ。本書が特攻を歴史の一コマとしてではなく、現代にも通じる組織と個人のありようを考える機会になれば幸いである。

二〇二三年六月

中日新聞社　編集局長　寺本政司

目次

第4章　殴られた参謀

第5章　教官の出撃

第6章　司令官の戦後

（中）大平原の逃避劇

（下）凍土より帰還

※本書は、中日新聞で二〇一九年五月から二三年五月まで連載された「『特攻』のメカニズム」をまとめたものです。登場する人物の肩書、年号などは掲載時のもの、年齢は初版発行時のものです。

プロローグ

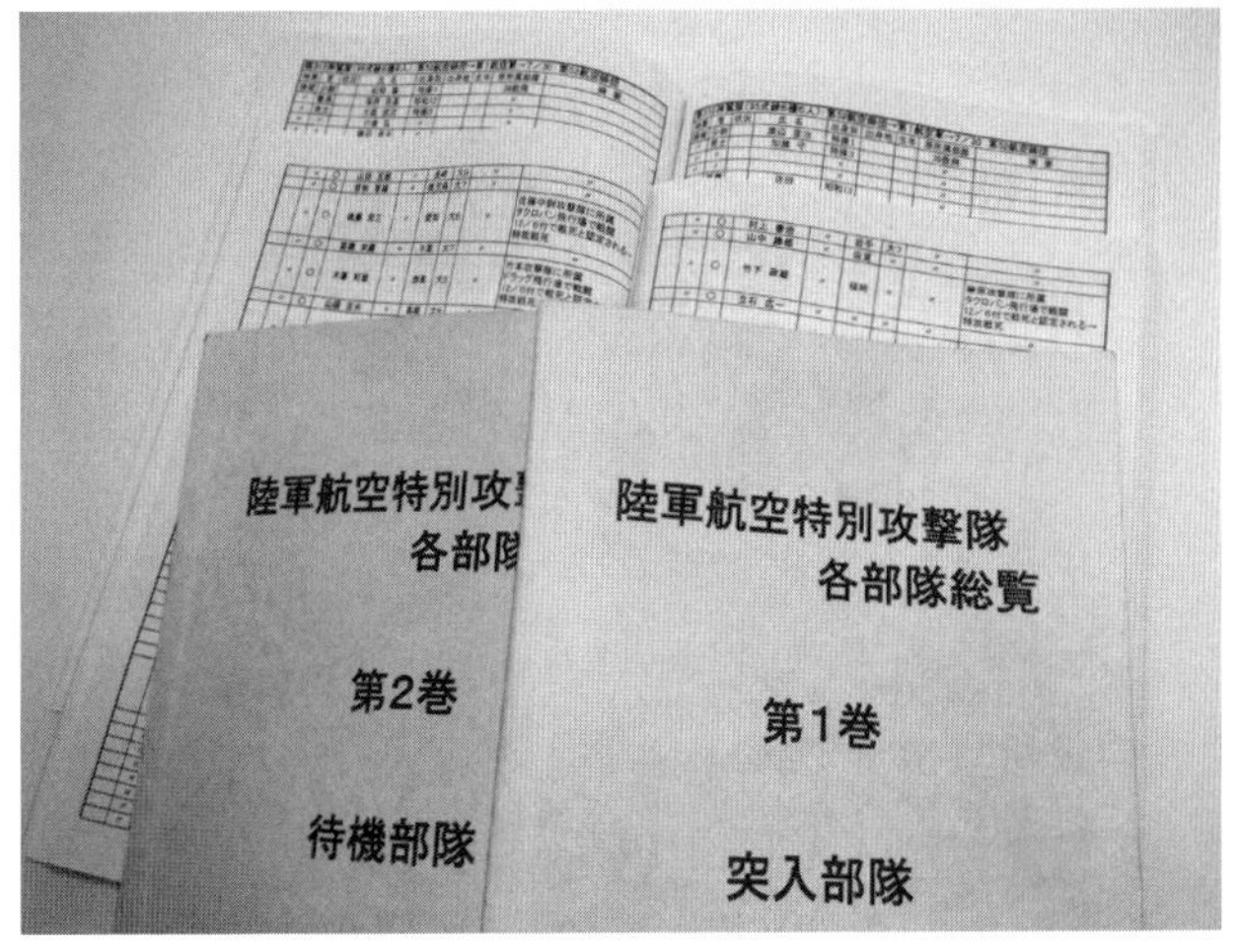

足かけ13年で筆者が刊行した上下巻の「陸軍航空特別攻撃隊　各部隊総覧」。
特攻隊員約7000人の足跡を記した

現代に通じるあいまいさ

「特攻隊員一人一人が生きた証しを記録にとどめておきたい」

二〇一八年夏、十三年かけて特攻に関する資料二冊の完成にこぎつけた。「陸軍航空特別攻撃隊　各部隊総覧」と名付けた資料は、「第1巻　突入部隊」と「第2巻　待機部隊」の上下巻で計六百ページあり、七百近い隊の隊員七千人以上の名前や足跡、参考文献を収録した。何としてもやり遂げねば、と思ったのは、完成を心待ちにしている元特攻隊員の人たちの思いを知るからだった。

大学院時代に特攻の研究を始め、記者になってからも、各部隊の編成や出撃後の状況を追い続けた。だが、研究資料や参考文献が乏しく、苦労した。「いっそ自分が全体をまとめた資料を作ろう」。いつしか、そんな気持ちになっていた。特攻隊員の一人一人がその時代を確かに生きた証しを後世に伝えたい。生き残った隊員たちの話を聞かせてもらうにつれ、その気持ちは強まっていった。

頼りにしたのは、生き残った隊員たちが寄せてくれる資料だった。取材のために協力してくれた大貫健一郎さん（一九二一〜二〇一二年）もその一人。「冊子が完成するのが楽しみだね」。温かい励ましとともに、手元に残る戦友会の資料などを送ってくれた。

晩年は脳梗塞を患い、体も思うように動かなかった。だからだろう。私に送るため、裁断機を使ったふぞろいの一枚一枚には、思うように切れなかった跡が生々しく刻まれ、手紙のたどたどしい文字に目がくぎ付けになった。不自由な手で精いっぱい力を振り絞る姿を想像すると、特攻を後世に伝えるという大切なバトンを手渡された気がして、胸が熱くなった。

この数年は一人、また一人、と生き残った隊員たちの訃報が届くようになった。時間がどんどん過ぎ、完成した時には取材に協力してもらった元特攻隊員計二十五人の大半が鬼籍に入っていた。

孫世代の私が、なぜ、特攻の研究にのめりこんだのか。大学時代、国会議員の秘書の下でインターンを経験し、靖国参拝や基地問題など、今の政治状況の多くは太平洋戦争観とつながっているのではないか、と感じるようになったのが始まりだった。

大学院で日本近現代史を選び、漫画家小林よしのりさんの「新ゴーマニズム宣言　戦争論3」（幻冬舎、二〇〇三年）で、帰還特攻隊員たちを隔離して再教育したとされる「振武寮」（福岡市）の存在を知った。

「生き残り特攻隊員」には、出撃を控えたまま、終戦を迎えた「待機者」と、出撃はしたが生きて戻ってきた「帰還者」の二通りあり、「振武寮」にいた隊員たちは、後者にあたる。振武寮に収容された元隊員たちを訪ね歩く研究取材は、その時から始まった。

敗色の濃くなる中で、特攻隊員は「軍神」とあがめられ、玉砕へのムードづくりにその偶像化が一役買わされた。その一方で、帰還隊員たちの存在は公にされず、その収容所となった振武寮では陰湿極まりない出来事が横行した。「なぜおめおめと生きて帰ってきたのか！」。上官たちが、酒臭い息を吐きながら、帰還した若者たちを執拗に責め立てた。生き残った軍神たちは、軍にとって「不都合な真実」でもあったのだ。

私には、それが七十数年前の特異な出来事とは思えなかった。企業社会で続発する、品質検査でのデータ改ざんなど不正の数々、日本大アメフット部の危険タックル問題に代表されるスポーツ界の上下関係が生み出す不祥事の数々は、あの時代と今も変わらない日本型組織の論理が、脈々と引き継がれている証しではないだろうか。

「特攻なんて、勇ましいものでも何でもない。われわれだって普通の若者でした。今の若者だって、そういう時になれば、やむを得ず行くかもしれません」

私にそう語った大貫さんは、こう付け加えた。

「特攻は戦果が目的ではなく、死が目的だった。戦友たちの死は結局、無駄に終わった」

それぞれの才能を社会で発揮することなく、志半ばで命を散らさざるを得なかった特攻隊員の無念を思うと、胸が詰まった。戦果を目的としない作戦とは何だったのか。若者たちの死を目的とする先には何が描かれていたのか。

特攻は、軍の「統帥権」を持っていた天皇の指示ではなかった。それどころか、「命令」だったのか、「志願」なのかも判然としない。日本特有のあいまいさの中から生まれた特攻は、現代のこの国にも通じているのではないか。そのメカニズムをいま一度、解き明かしてみたい。

帰還者の伝言

1

官民問わず組織に起因する問題があちこちで噴出する。大学院での研究から十三年間、二十五人の元特攻隊員への取材体験を踏まえ、気づいた。日本的なメカニズムに潜む問題は「死」が目的化した無責任な特攻と地続きなのでは、と。不十分な検証ゆえに知られていない特攻の本質を現代の視点で検証する。

1　「志願」にすり替わる命令

アメリカンフットボールの名門日本大で二〇一八年に起きた悪質タックル問題の経緯を見て、その構図が第二次大戦中の「特攻」と重なって見えることに気づいた。

突っ込んだ選手は、強い心理的な圧力を受け、「やります」と言わざるを得ない状況に追い込まれたことが、本人の告白で判明した。ところが、社会問題化すると、監督もコーチも「指示していない」と否定。警察の捜査では「指示はなかった」とされ、真相はなおやぶの中にある。

実は、特攻の起源をたどると、「志願だった」という主張と「命令だった」という証言が混在し、ぶつかりあっている。証言者はいずれも生き残った人々で、「命令だった」との証言が隊員に多く、「志願だった」との証言が将官に多いのも悪質タックルの構図に似ている。

太平洋戦争の資料はその多くが軍部の証拠隠滅によって失われ、検証を関係者の手記や聞き書きに頼っている。陸軍の特攻については、戦後の研究として評価の高い防衛庁防衛研修所戦史部（現防衛省防衛研究所戦史研究センター）に勤務していた生田惇氏が「大陸命（大本営陸軍部の命令）や大陸指（参謀総長の指示）はない」と断定している。陸軍中央部での激しい論議の末、「天皇の名において命令するのは適当でなく、第一線指揮官が臨機に定めた部隊編成にすべきだ」との結論になった、と著書「陸軍航空特別攻撃隊史」（ビジネス社、一九七七年）にあり、統帥権を持つ天皇に責任が及ばないよう、あえてあいまいにされていた可能性がある。

終戦の前年、一九四四（昭和十九）年当時、特攻は「体当たり攻撃」と呼ばれ、二月下旬から三月にかけ陸軍の参謀本部で持ち上がった。しかし、「現場」の航空本部で反対論が根強いため、参謀本部は人事でことを進め、反対していた技術畑出身の航空部門トップ、航空総監兼航空本部長の安田武雄中将を三月二十八日に多摩技術研究所長に転出させ、後任は参謀次長後宮淳大将が兼任し、反対論を封じ込めにかかった。

このころ、戦況はさらに悪化し、七月、サイパンが陥落、東条内閣が倒壊した。その一方で、同月末に

特攻帰還者の宿舎跡地を訪れた生前の大貫健一郎さん（右）
＝2006年8月、福岡市で

は、体当たり仕様への機体改造に着手し、参謀本部は特攻計画を着実に進めた。九月末、参謀本部は特攻隊を差し出すよう命令を下した。航空部門上層の反対派は排除され、機体も改造。既成事実化が進んでいく状況での命令は、現場にどう伝えられたのか。

元特攻隊員の大貫健一郎さん（一九二一〜二〇一二年）には大学院時代の研究中からお世話になり、その後も当時のことをたびたび聞かせてもらった。

大貫さんは同年八月、大学や専門学校の卒業者の陸軍特別操縦見習士官（特操）として明野教導飛行師団（三重県）に入隊し、飛行訓練をしていたある日、司令官から受けた不思議な訓示を記憶していた。

「国家存亡の時、命をお国にささげる時が来た。特殊任務に志願する者は署名して提出せよ。ただし、これは絶対に生還できない任務である」

この訓示に二十歳すぎの操縦士たちの誰もが首をかしげたという。

「まず、特殊任務と言われても、どんな任務か全く分かりゃしない。そこで、仲間の一人が代表で上層部に聞きに行き、戻ってくると『戦闘機に爆弾をつって敵艦に体当たりするそうだ』と言う。こんなばかな作戦、いったい誰が考えたか知らんが、皆仰天していた」

だが、しばらくすると一人が言った。

「俺たち予備役将校とは言っても、国を守るため、学鷲（がくわし）（特操）として出てきた身じゃないか。この上はその誇りと意地にかけて志願しようじゃないか」

その演説に背中を押され、結局全員が「熱望する」と志願した。だが、それは「志願」と呼ぶべきものなのか。大貫さんは著書「特攻隊振武寮」（講談社、二〇〇九年）にこう書く。

「いまも昔も組織の上の方が考えることは似たり寄ったりですね。ほんとうは命令ですけど、特攻を美化して礼賛して、喜び勇んで出撃した、志願したということにして、上官たちは自分の責任を転嫁した」

従わざるを得ない空気の中で、「志願する者は申し出ろ」と迫る。それは、命令が志願にすり替わる瞬間だったのだろう。日大の選手は会見でこう語った。

「本当にやらなくてはいけないのだと追い詰められて悩みました」

命令のない強制力が名目上の「志願」にすり替わり、そして「実行」へと追い立てる。もしかすると、それは今も変わらない日本特有の現象なのではないか。

2　犠牲を美化せず教訓に

他の人々のために若者が自ら犠牲になる。そんな物語を過剰なまでに美談にしたがる傾向が、私たちにありはしないだろうか。第二次大戦中、「特攻」は命令ではなく、若者たちの志願と国民に伝えられた。国民は、その若者たちを「軍神」としてあがめ、敗戦が色濃い中でなお、国家指導者への妄信をつなぎ留める効果を生んだ。

若者の犠牲が美談となって別のメッセージにすり替わる。東日本大震災でもそれに似た出来事があった。

宮城県南三陸町の防災対策庁舎から防災無線で町民に避難を呼び掛け続けていた町職員遠藤未希さん＝当時（24）＝が、津波の犠牲になった。悲劇をメディアが取り上げ、多くの人の悲しみを誘った。

半年後の九月、当時の野田佳彦首相は、所信表明演説で遠藤さんを「この国難のただ中を生きる私たちが、決して、忘れてはならないものがあります。それは、大震災の絶望の中で示された日本人の気高き精神です」と紹介。「自らの命さえ顧みず、使命感を貫き」「身をもって示した、危機の中で『公』に尽くす覚悟」とたたえた。

死者の思いを正確に代弁することは誰にもできないはずだ。野田首相は「恐怖に声を震わせながらも、最後まで呼び掛けをやめなかった」と、誰も知らないはずの〝最後の場面〟を隣で見ていたかのように語った。本紙の記事によると、仮設住宅で演説を聞いた父親の清喜さんは「尽力した職員はたくさんいるのに、どうして娘だけ名前を挙げるのか」と疑問を呈し、娘が「日本人のかがみ」のように美化されていることにも違和感を口にした。

翌年、埼玉県の公立の小中高校で使われる道徳の教材に「天使の声」というタイトルで、使命感や社会へ貢献する心を教える物語として掲載されることが明らかになった。ネット上では違和感を指摘する声も少なからずあった。

「現場で『彼女が亡くならずにすむにはどうすればよかったか』という問いを立ててくれることを祈るのみ」「道徳の教科書だと『予備電源とJアラート自動放送がついた防災無線を装備しましょう』という結論にはなりません」「最後は逃げろと訓練していなかったのは明らかな人災です」「システムの不備を穴埋めしようとした人の犠牲行為を褒めたたえる前に、そういう犠牲者がなぜ出てしまったのかの原因を冷静に見直して、しっかり反省して、そしてそこを改善しましょう」

特攻の帰還者で、戦友会の事務局長だった大貫健一郎さんと初めて連絡をとったのは、震災の五年前の二〇〇六年。記録作家の林えいだいさん（本名林栄代（しげのり）、一九三三〜二〇一七年）のドキュメンタリー番組でインタビューに応じていたので、手紙を出したが返事がない。思い切って電話し「話を聞きたい」と伝えると「何件も取材依頼の電話や手紙が来て困っているんですわ。もうあれ（ドキュメンタリー）で十分じゃないですか」という返答だった。

あきらめの悪い私は、研究への思いを知ってもらおうと、「特攻」をテーマにした修士論文のためにまとめた八枚ほどのレジュメを送った。まじめに取り組んでいることを分かってくれたのか、再びかけた電話に「書いたものを送ってくれた人ですか。読みました。よく調べましたね」と一転して好意的に応じてくれ、「会って話したいが、脳梗塞がぶり返して体調を崩しているので、当分は電話でやりましょう」と協力を約束してくれた。

質問をファクスし、手紙で返事をもらうやりとりでは「こんなものもあるよ」と貴重な資料を送ってくれることもあった。初めて会った〇七年五月二十八日は、ちょうど六十二年前、特攻で出撃した大貫さんが敵機に撃たれて不時着した後、喜界島（鹿児島県、奄美群島）から迎えの軍用機で福岡に戻った日。その偶然に私が気づくと「米軍機に撃墜されてもおかしくなかった、あの日だよ」と大貫さんも笑い、一気に距離が縮まった。

若き日の大貫健一郎さん＝1944年5月

神奈川県の逗子駅前の喫茶店。特攻の生き証人でもある大貫さんは、私に「本当のことを伝えてほしいんだよね」と訴えた。最初の電話で拒絶したのは、興味本位と思ったからだった。

「世間で言われている特攻なんてうそばっかりなんだよな。美談にされてしまって、そこだけが伝えられている」

立案した責任は問われもせず、当時の若者たちの犠牲が美談にされることへの深い憤り。戦争であっても通常「死」が目的化した作戦はありえない。「特攻」とは何だったのか——。大貫さんとの四時間に及ぶ対話は、以後、その問いを考える私の原点になった。

勇士の反逆

特攻の隊員は当初からえりすぐりの優秀なパイロットだった。軍神と化し、隊員募集の広告塔になる使命も帯びていたからだ。だが、優秀な技能者ゆえの反発もあった。軍上層の保身のために禁じ手の作戦で戦況の悪化を粉飾する「破滅のメカニズム」とのせめぎ合いにスポットを当てた。

1　戦果上げても　爆死迫られ

後世に伝えられたままに、私たちが描く特攻のイメージは、爆弾を積んで敵艦に突っ込む、という至極単純なものだろう。

実は、そうばかりではない。戦争末期でこそ、ろくに飛行訓練も受けないまま、学徒兵らが消耗品として特攻を強いられたが、もともと旧日本軍の飛行機乗りは「空中勤務者」とも呼ばれ、優れた操縦技術を持つ専門性の高いエリート集団だった。

厳しい訓練によって培った操縦技術を誇りにする彼らにとって、技術を生かすことなく、戦果よりもむしろ軍神としての戦死が使命の特攻は、受け入れがたい命令でもあった。そして、実際に、特攻隊員でありながら、出撃してはその類いまれな技術で敵艦に爆弾を投下し、何度も帰還した隊員もいた。

「船はどれでもいい。見つけ次第、突っ込め。今度帰ったら、承知せんぞ！」

一九四四（昭和十九）年十二月五日のフィリピン・カローカン飛行場。参謀長の大佐が大声を上げると、一人の特攻隊員が軽爆撃機で出発した。この隊員こそ、ベストセラーとなった鴻上尚史さんの「不死身の特攻兵」（講談社、二〇一七年）の主人公で、九回出撃しながら生きて帰ってきた陸軍万朶（ばんだ）隊の伍長、佐々木友次さん（一九二三〜二〇一六年）。六度目の出撃だった。

〈レイテ湾上空に来ると、無数の敵艦を発見。高射砲の弾幕で夕焼け空は曇り、高度千五百メートルから目標の大型船に向かって、角度六十度、時速四百五十キロで急降下した。全身がゆがむような重圧を感じながらも、二百～三百メートルに近づいた時、鋼索を引いて投弾。目の前を黒いマストが通りすぎ、船の舷側を海面すれすれに抜けた後、振り向くと、大型船が傾いているのがはっきりと分かった。だが五日後、カローカンに戻ると、激高した参謀長の言葉にねぎらいはなく、ただ罵声を浴びせられただけで、佐々木さんは少しの反論も許されなかった。「レイテ湾には、敵戦艦はたくさんいたんだ。弾を落としたら、すぐに体当たりをしろ。出発前にそう言ったはずだ。貴様は名誉ある特攻隊だ。弾を落として帰るだけなら、特攻隊でなくてもいいんだ。貴様は特攻隊なのにふらふら帰ってくる。貴様は、なぜ死なんのだ！」〉（「不死身の特攻兵」から抜粋）

私が同書の主人公、佐々木さんに直接話をうかがったのは二〇〇八年春のこと。逓信省乗員養成所時代の佐々木伍長の教え子だった元特攻隊員、久貫兼資さん（一九二六～二〇一四年）から、佐々木さんがまだ北海道でご健在だと聞き、手紙を書いて取材を申し込んだ。待つこと半月ほど。返事がないので、聞いていた電話番号にかけてみると、すんなり佐々木さんが出た。

「実は目が見えなくなってしまい、お返事も書けませんでした。そんな姿をお見せしたく

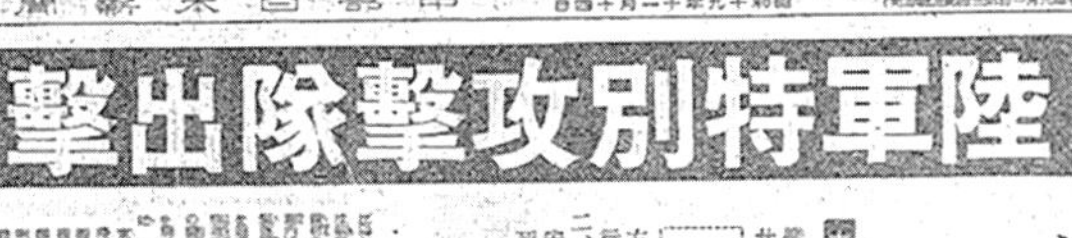

中部日本新聞　昭和十九年十一月十四日

陸軍特別攻撃隊出撃

必死必殺の萬朶隊
戰艦等二隻撃沈
田中曹長始め四勇士

大本營發表（昭和十九年十一月十三日十四時）一、我特別攻撃隊萬朶飛行隊は戰闘機掩護の下に十一月十二日レイテ灣内の敵艦船を攻撃し必死必殺の體當りを以て戰艦一隻、輸送船一隻を撃沈せり、本攻撃に參加せる萬朶飛行隊員次の如し

陸軍曹長　田中逸夫　同　久保昌昭
同　生田留夫　同伍長　佐々木友治

右攻撃に於て掩護戰闘機隊員陸軍伍長渡邊史郎亦敵船に體當りを敢行せり

二、萬朶飛行隊長陸軍大尉岩本益臣、同隊員陸軍中尉園田芳巳、同安藤浩、同川島孝、同少尉中川勝巳は攻撃實施數日前敵機と交戰戰死し本攻撃に參加する能はず

掩護機、共に體當り
隊長岩本大尉以下五將校も散華

掩護隊に賞詞

佐々木さんら陸軍特攻の出撃を伝える昭和19年11月14日の中部日本新聞（現中日新聞）の1面

ないと思っていますが、お電話でしたらいいですよ」。爆撃機を自在に操り、米軍を苦しめた伝説から抱いたイメージとはほど遠く、物腰の柔らかい穏やかな声だった。

特攻隊員になった経緯を聞いた。佐々木さんのような操縦技能を持つパイロットが、戦果を上げる機会が一度しかない特攻隊員に自ら志願するだろうか。時代が違うとはいえ、素朴な疑問があった。

「完全な命令でした」

佐々木さんは、そう明言した。

戦争末期の一九四四年十月二十一日、陸軍が特攻隊のために茨城県の鉾田（ほこた）飛行場で編成した「万朶隊」十六人の中に佐々木さんの名前があった。陸軍が編成した最初の隊だった。

「編成した当時は『フィリピンに異動す

る』と聞かされただけです。そもそも志願するかどうかも聞かれませんでした」。フィリピンに向かう途中、飛行機に爆弾を積んで、敵艦に体当たりする「特殊任務」だと告げられたという。

大型船を沈めても、参謀から戦果をねぎらわれるどころか、「なぜ死なないのか」「特攻隊の恥だ」などとののしられたという佐々木さんに、「心の支えは、どこにあったのでしょうか」と尋ねてみた。

少し考えた後、佐々木さんは言った。

「やっぱり岩本隊長からの言葉ですかね」

軽爆撃機操縦の第一人者だった岩本益臣大尉（一九一七〜四四年、戦死）は特攻に強く反対しながら、万朶隊を率いる命を受け陸軍初の特攻に赴くことになった。隊員への訓示で語られたのは、軍規違反にも等しい言葉だった。

２　若者の死で戦況粉飾

特攻隊ながら、戦果を上げ生きて帰還する信条を貫いた元日本陸軍伍長、佐々木友次さんが心の支えにしていたのは岩本益臣大尉から出撃時に受けた訓示だった。

佐々木さんはまるで昨日のことのように訓示を電話口でそらんじた。

「敵艦に爆弾を命中させて帰ってこい。そして、何度でも出撃するんだ」

岩本大尉は、陸軍初の特攻隊として終戦前年の一九四四年十月二十一日、茨城県の鉾田飛行場で編成され、佐々木さんが所属した万朶隊十六人の隊長だった。

低空飛行から爆弾を切り離し、水面を跳ねて命中させる高度な爆撃技術「跳飛爆撃」の第一人者として知られ、もともと特攻隊に反対だった。隊長に任命されると、投下できないようになっていた爆弾を落とせるように改装。それを隊員たちに伝えた上で訓示したという。

優れた技能を持つ歴戦の勇士には、戦死して「軍神」になることが目的化した特攻が耐えがたかったのだろう。訓示を守り抜いた佐々木さんも同じだった。上層部とのあつれきを聞くと「高木さんの著書の通りだから読んでください。高木さんは何週間もうちに泊まり込んで聞いていったよ」と笑いながらそう話した。

菊池寛賞を受賞した高木俊朗氏（一九〇八～九八年）の著書「陸軍特別攻撃隊　上・下巻」（一九七四、七五年、文芸春秋）から九回の出撃を再現すると、こうだ。

陸軍最初の出撃になる一回目（四四年十一月十二日）は爆弾投下に失敗し不時着したが、誤って「戦艦に突入し撃沈」との一報が司令部に入り、東京の大本営でも戦死と発表された。

基地に戻った佐々木さんに、作戦を担当する参謀の一人が「ご苦労だった。不時着したことは軍司令部では分からなかったから、大本営には突入と報告した。このことを肝に銘じて次の攻撃では本当に戦艦を沈めてもらいたい」と暗に死を求められた。郷里の北海道当別村（現当別町）の実家にはすでに弔問の客が来ていた、という。

二回目は僚機を見失いやむなく帰還、四回目に赴く時は参謀長（大佐）が直々に「突入は（護衛機として戦果も確認する）直掩機が必ず確認することになっている。晴れの舞台だから、立派に体当たりするんだ」、作戦参謀（中佐）から「期待するのは敵艦撃沈の大戦果を爆撃でなく、体当たり攻撃によって上げることである。佐々木伍長はただ敵艦を撃沈すればよいと考えているが、それは考え違いである」と言い含められた。

しかし、佐々木さんは「私は必中攻撃でも死ななくてもいいと思います。その代わり死ぬまで何度も行って爆弾を命中させます」と反論したが、参謀長は「佐々木の考えは分かるが軍の責任ということがある。今度は必ず死んでもらう。いいな」と念を押した。

四回目は直掩機が引き返したため佐々木さんも帰還。五回目は米軍戦闘機の編隊に出くわし、回避した。

六回目の命令を受けた佐々木さんは極度の疲労で休養を求めたが、参謀長に「絶対に許さんぞ。すぐに出発しろ。目標はレイテ湾で、船はどれでもいい。見つけ次第突っ込め。今度帰ったら承知せんぞ」と突っぱねられ、出撃。大型船に爆弾を命中させて撃沈し、帰還した。

一字隊三機、三隻撃沈

佐々木伍長遂に體當り

鐵心・石腸

佐々木さんが「遂（つい）に体当り」と報じる昭和19年12月9日の中部日本新聞（現中日新聞）。軍の誤発表とみられる

ところが、この時、再び大本営が戦死と誤って発表。天皇が武功のあった軍人に授ける金鵄（きんし）勲章の授与へと話が進んでしまい、大問題になった。生きて帰った佐々木さんに参謀長は「この臆病者。よくおめおめと帰ってきたな。貴様は特攻隊なのにふらふら帰ってくる。なぜ死なんのだ」とののしった。

だが、当然のことながら、佐々木さんこそが爆撃機乗りのかがみだった。機体が不調の時や敵戦闘機の編隊に遭遇すれば巧みに回避し、千載一遇の好機と見るや的確に戦果を上げる。貴重な機体を無駄遣いせずに温存するのだから、国力の劣る軍隊の操縦士として理想と言っていい。

理想の勇士を消耗品扱いする作戦がまかり通ったのは、戦局悪化の責任を回避し、そのツケを前線の兵士に押しつける組織の論理でしかない。上層に向かうほど責任の所在が不明確になり、矛盾のしわ寄せが末端に押しつけられる。それは、今も変わらない日本型組織の特異性とも言えるだろう。

うだった。

3　技術・人材　ないがしろ

　敗色が濃い中で飛び込んだ「大本営発表」を紙面にする制作現場の興奮が伝わってくるようだった。

　一面に大見出しで「神風特別攻撃隊相つぐ出撃」とあり、特攻の成功を告げる「必死必中」の文字が躍る。だが、私の目をくぎ付けにしたのは、むしろ特攻を行った海軍敷島隊の隊長、関行男大尉（一九二一～四四年、戦死）の出撃前の様子を伝える記事だった。

　現地への特派員による【比島方面前線基地小野田報道班員二十八日発】との署名入りで、「率先神風隊に志願」との見出しがあり、記事中には「関大尉の横顔を出撃の朝まで基地で親しく仰いだ記者は見たまま感じたまま…」と記すくだりもある。それが、「見たまま感じたまま」の全てではなかったことを、報道班員の小野田政さんは後に回想録「神風特攻隊出撃の日」（今日の話題社、一九七一年）で告白している。

　同書によると、出撃基地に近いフィリピン・バンバン川のほとりで関大尉はこう語った。

「報道班員、日本もおしまいだよ。ぼくのような優秀なパイロットを殺すなんて。ぼくなら体当たりせずとも敵母艦の飛行甲板に五十番（五百キロ爆弾）を命中させる自信がある」

「ぼくは天皇陛下のためとか、日本帝国のためとかで行くんじゃない。最愛のＫＡ（海軍用語で妻のこと）のために行くんだ。命令とあらば止(や)むをえない。日本が敗けたら、ＫＡがアメ公（米国人）に強姦（ごうかん）されるかもしれない。ぼくは彼女を護（まも）るために死ぬんだ。最愛の者のために死ぬ。どうだすばらしいだろう！」

関大尉は新婚六カ月目。「海軍兵学校出身者が指揮を執らないと、士気は上がらない」という理由で、隊長に指名された。

陸軍の特攻隊万朶隊の隊長岩本益臣大尉が爆弾を切り離せるように改装し「何度でも帰ってこい」と訓示し、佐々木友次さんが訓示を実践した。それに対し、関大尉は隊長として特攻を決行をした。だが、培った操縦技術を無駄にする体当たり攻撃に意味を見いだせないのは、同じだった。

小野田報道班員に語った関大尉の言葉で目を引くのは「ぼくのような優秀なパイロットを殺すなんて」というくだり。技術や技能を無視し、貴重な機体や類いまれな技能者を消耗品扱いする愚かさへの深い失望が読み取れる。

資源、人口、予算規模など国力の指標のほとんどで劣る国が対等を目指す上で欠かせない技術力と人材をないがしろにし、破滅への道を転落していったのが、戦争末期の日本だった。だが、それを過去の愚かな出来事として笑い飛ばすことができるだろうか。

産業界で続発する検査不正は技術軽視の典型だろう。業績悪化を取り繕う「見せ掛けの数字」を現場に押しつけ、モノづくりの生命線である技術への信用を失墜させるさまざまな企業の検査不正を私たちは何度も目の当たりにしてきた。

政治は二流でも経済は一流、と言われたのがすでに過去の話であるように、優秀と自負してきたわが国の官僚中の官僚がそろう財務省で起きた文書改ざんに驚がくしたのは、まだ二〇一八年のことだ。「不都合な真実」を取り繕う改ざんの強要に耐えがたいあまり、自死に追い込まれたのは職務に忠実で実直な近畿財務局の職員だった。この国が誇りとすべき「職人技」や「実直さ」が犠牲になる本末転倒がそこかしこで起きているのではないだろうか。

一九四五年八月十五日の終戦を境に、日本の社会構造は過去の負の遺産を断ち切ったわけではない。価値観が倒錯し、筋の通らない理不尽を押しつける特攻のメカニズムは、姿

神風特別攻撃隊

スル敵艦隊ノ一群ヲ捕捉スルヤ必死必中ノ體當リ攻撃ヲ以テ航空母艦一隻撃沈、同一隻炎上撃破、巡洋艦一隻轟沈ノ戦果ヲ収メ悠久ノ大義ニ殉ズ忠烈万世ニ燦タリ
仍ツテ茲ニ其ノ殊勲ヲ認メ全軍ニ布告ス
昭和十九年十月二十八日
聯合艦隊司令長官　豊田副武

「特別爆装」で命中
万世に燦、スルアン島沖

関行男大尉

率先神風隊に志願
口を開けば"空母撃沈"
基地に仰ぎし関大尉

右：関大尉の特攻を報じる昭和19年10月29日の中部日本新聞（現中日新聞）
左：新聞で報道班員の小野田さんが伝えた関大尉の「志願」。実際に語った本音は違った＝同年10月30日の中部日本新聞

を変えて戦後に引き継がれた、と私は思う。

終戦から五カ月後に帰国し、郷里の北海道の実家に戻った佐々木さんが戸籍を復元するために赴いた役所で、復元の条件かのように、こう言われたという。

「勲章と賜金を返してください。これはマッカーサー元帥の命令です」

昨日まで敵だった支配者の威を借り、命懸けの功績を平然と否定する。何も変わらないどころか、鬼畜と呼んだ相手にこびるその卑屈さに、佐々木さんは嫌気が募った、という。

「私は本来の爆撃機の任務を果たそうと思った。それだけなんだけどね」

それが一体、誰にとってどんな不都合があったのか──。受話器の向こうの声は、そんな問い掛けのようにも聞こえた。

4　連綿と続く　個つぶす論理

組織の論理が優先され、末端で懸命に生きる人たちがないがしろにされる光景に昨今、事欠かない。死に赴く若者を「軍神」とあがめ、戦況悪化から国民の目をそらす役割を担わされた特攻も、生還した隊員に向けられた不条理はそれと同じだった。

鴻上尚史さんの「不死身の特攻兵」で知られる陸軍万朶隊の伍長、佐々木友次さんに、体当たりを強要し続けた上官の参謀たちへの思いを聞いたことがある。佐々木さんは怒りを示すこともなく「まあ、参謀なんてそんなもんでしょう」と冷めた口調で言った。

佐々木さんが大型船を沈めた六回目の出撃で、軍が「戦死」と誤報。それによって、天皇からの金鵄勲章の授与が決まってしまった経緯を振り返り、「天皇陛下の耳に達したなんて聞いたら、正直に申告して訂正するより、私に死んでもらおうとするでしょうね」。そこには組織のメンツと管理職の保身しかないことを見抜いての言葉だった。

「実際、その後でフィリピンの山中にいる間に銃殺命令が出ていたなんて、後で聞きましたしね」

佐々木さんが所属していた陸軍の第四航空（四航）軍による佐々木さんの暗殺計画は、陸軍の報道班員だった高木俊朗氏の著書「陸軍特別攻撃隊　上・下巻」で読んでいたが、本人から直接聞いたのはこの時が初めてだった。佐々木さんは、暗殺指令を耳にした経緯を同書で詳細に語っており「高木さんに話した内容がすべて」と私に語った。その同書によると、佐々木さんが年上の新聞記者から暗殺計画を聞かされたのは敗戦後、マニラ南方の収容所にいた時だった。

記者「佐々木、おまえ、殺されることになっていたのを知っているか」

佐々木さん「何度も猿渡参謀長（篤孝、第四飛行師団参謀長＝大佐）から体当たりしろ、と言われましたよ」

記者「そうじゃない。四航軍は佐々木伍長と津田少尉（昌男、一九二三～八三年）の銃殺命令を出していた」

佐々木さん「どうして銃殺にするんですか」

記者「大本営発表で死んだのが、生きていてはこまるからさ」

佐々木さん「そんな命令を、どこで出したんですか」

記者「四航軍さ。佐々木、津田を、わからないように殺すために、狙撃隊までつくっていた」

実行されなかったのは、地上勤務隊が「特攻隊員の狙撃命令を出すとは何事か」と反発し、応戦する構えを見せたからという。

特攻を担った四航軍は司令官―参謀長―参謀―飛行隊長―隊員、の構成。佐々木さんは司令官の富永恭次中将（一八九二～一九六〇年）が暗殺を指示したとは思っていなかった。

「私はどちらかというと富永さんに好感を持っているんですよね。最後に出撃した時には軍刀を振り回しながら『佐々木、頑張れ』なんて激励されましたよ」。富永中将はこの時既に無断で台湾に引き揚げたといわれ、指揮系統は混乱していた可能性がある。真相はやぶの中だ。

佐々木さんは、万朶隊の隊長、岩本益臣大尉の「敵艦に爆弾を命中させて帰ってこい。そして、何度でも出撃するんだ」という訓示に従った。その行動に、暗殺の対象になった津田少尉も共感してくれたことを私に打ち明けた。

「士官学校出身の特攻隊長だった若桜隊の津田さんとは、同じ大正十二年生まれということで割と気が合ってね。宿舎で会った時に『戦艦を沈めたのは本当か』なんて話しかけてきて、『体当たりしなくても、敵艦を沈めれば文句ないでしょう』って言ったら納得してくれてね。結局、彼もその後、出撃したんだけど、フィリピンで生き残りましたね」

職人かたぎが尊ばれ、技術を培う精神に価値を置く

佐々木伍長の出撃記録（1944年）

❶11月12日	出撃→不時着
❷11月15日	出撃→帰還
❸11月25日	空襲で出撃取りやめ
❹11月28日	出撃→帰還
❺12月 4日	出撃→不時着
❻12月 5日	出撃→不時着
❼12月14日	滑走路を外れ離陸失敗
❽12月16日	出撃→帰還
❾12月18日	出撃→帰還

※出撃は準備段階を含む

のは、この国古来の伝統だった。岩本大尉や佐々木さんらの行動はこの国伝来の精神を大切にしたにすぎない。人を部品や消耗品のように扱う倒錯した特攻の発想は戦時下の異常な事態がもたらした、と片付ける人もいるだろうが、本当にそうだろうか。

職場では立場の弱い人に「ブラックバイト」「派遣切り」「サービス残業」などさまざまな理不尽が降りかかり、〇〇ファースト（第一）と掲げた組織がファーストのはずの「アスリート」や「芸人」をないがしろにする。「小さな全体主義」とでもいうべき、戦後七十四年のそんな風景に、特攻のメカニズムが透けているような気がしてならない。

帰還者の隔離棟

一九四五（昭和二十）年八月に終戦した太平洋戦争で、戦争末期の十カ月間に実行された特攻。「不都合な真実」だった振武寮（福岡市）の実態を現代の視点で再検証する。

1　卑怯者扱い　鬱屈する思い

「モリカケ」から「桜」に至るここ最近の公文書の扱いをめぐる状況は、軍によって記録文書の多くが焼失し、検証が不十分なまま今日に至る昭和の戦争の流れをくんでいるようにも見えて、怖いとさえ感じる。

若者が国を守るために命をささげる美談として長く伝えられてきた特攻も、それが「命令」だったのか「志願」だったのかを公文書で特定することさえできない。真実の姿が隠ぺいされた特攻の、まさに陰の部分を象徴するのが「振武寮」だった。

振武寮は、知覧（現鹿児島県南九州市）などから出撃後、機体の不調や悪天候で帰還した陸軍の特攻隊員たちが閉じ込められていた宿舎。その存在は戦後も長い間広く知られることはなかった。志願した若者たちが勇ましく散っていく特攻のイメージと懸け離れた実態から目を背ける空気を、戦後も引きずっていたのかもしれない。

後に「振武寮」となった寄宿舎（福岡女学院資料室所蔵、1923年ごろ撮影）

帰還した隊員への上官の虐待の数々。その一方で、腹に据えかねた隊員の怒りも充満した。それが暴発しかけた場面が、特攻隊を描いた映画「月光の夏」（一九九三年）にある。振武寮であった実話だ。

中尉「明日、雁ノ巣（福岡市にあった陸軍の飛行場）を離陸したら、司令部の参謀の部屋めがけて突っ込んでくれ。頼む」

伍長「中尉殿、勘弁してください。自分にはとてもできません」

中尉「もういい。すまなかった。忘れてくれ」

伍長「すみません。自分は、今度は必ず必ず敵艦に体当たり致します」

特攻に出撃しながら帰還した中尉が、出撃待ちの伍長に自陣への突撃を懇願する場面。その標的は、特攻全体を指揮する司令部の一室だった。このシーンの直前に、中尉は司令部への憤りを伍長にこう語っている。

「俺は悪天候でやむなく部下たちを連れて引き返した。無駄死にさせないためだ。命は惜しまない。だが無駄死にはしたくない。的確に敵空母を狙うために出直すつもりだった。参謀は俺が命惜しさに引き返したと頭から疑ってかかった。やつは特攻で出て行った者を侮辱している。特攻の精神をも冒瀆（ぼうとく）するものだ。机の上で作戦を立てて指図だけしているやつに何が分かる。俺は参謀を許さん。殺したい。俺はやつににらまれ、どこへも行かしてもらえない。生殺しにあっている。軍刀でも拳銃でも、あれば俺の手でやる、刺し違えてやる。おまえに頼みやしない」

実行されていれば、特攻機が日本軍の司令部に突っ込む、というとんでもない事件。そんな話が本当にあったのか。映画の登場人物は複数の実在する隊員をモデルにしており、そのうちの一人で、突撃を頼まれた当人の牧甫（はじめ）さん（一九二一～二〇〇六年）に生前、直接話を聞くことができた。

「頼まれた時は、とにかく驚いたよ。実行していたら、陸軍始まって以来の事件になるんじゃないかって」

映画では伍長が突撃を断ったことになっているが、当時少尉だった牧さんは、突入事件が幻に終わった理由の一つは、出撃指令が偶然取りやめになったため、という。

さらに、同じころ、この出来事の舞台になった振武寮では別の驚くべき事件が発生していた。隊員らから恨まれていた参謀が、階級が下の隊員に殴られた、というのだ。帰還隊員たちの鬱屈（うっくつ）した思いが充満していたのだろう。牧さんはこう話した。

「中野友次郎少尉ってのが、その参謀を殴ったって言うんだよ。結局、上官の『立派に闘ってきた者に対して何の文句があるんだ』というとりなしで、おとがめはなかったみたいだけど。びっくりすることばかりだったなあ」

そのことは、中野さん（一九九九年没）自身が一九九三年発行の戦友会の冊子「続々航跡」（非売品）にこう書いている。

「私が代表で本部に報告に行った。例の少佐参謀が入口近くに居て『おう、卑怯者が帰ったか』と言った時又頭に血が昇り『卑怯者とは何だ』と言いながら私は思い切りその参謀をぶっ飛ばした。青木閣下（武三）がその若い参謀に『私の編成した部下に何か文句があるのか、立派に闘って戻ったものを』と言われ…」

当時の日本軍の階級は、将官（大将、中将、少将）、佐官（大佐、中佐、少佐）、尉官（大尉、中尉、少尉）の順だから、少尉の中野さんが三階級上の少佐に暴行したのは、あり得ない〝事件〟だった。

2　軍の末期　暴行も不問

特攻隊員が三階級も違う上官を殴り、その結果、不問になったことは上意下達が絶対の旧日本軍の規律を考えると、にわかに想像しがたいことだった。

中野友次郎さんが一九九三年発行の戦友会の冊子「続々航跡」に「例の少佐参謀が入口近くに居て『おう、卑怯者が帰ったか』と言った時又頭に血が昇り『卑怯者とは何だ』と言いながら私は思い切りその参謀をぶっ飛ばした」と書き記した。

訓練中の牧甫さんのスナップ写真＝記録作家・林えいだい記念ありらん文庫資料室提供

私が大学院時代に特攻の研究を始めたとき、すでに中野さんは亡くなっていたため直接話は聞けていないが、特攻からの帰還者で当時、中野さんとともにかつての振武寮にいた牧甫さんから事件のことを聞いていた。

牧さんは直前に別の帰還隊員から「参謀のいる司令部に突っ込んでくれ」と懇願されながら、その参謀が中野さんに殴られたことで、話がうやむやになった経緯を私に話した。

多くの帰還隊員に恨みを買っていた参謀とは、振武寮で帰還隊員たちの指導係になっていた倉沢清忠少佐（一九一七〜二〇〇三年）のことだ。その倉沢参謀に戦後、この事件の真相に迫ろうとインタビューしたのが記録作家の林えいだいさん（本名林栄代〔しげのり〕、一九三三〜二〇一七年）だった。そのやりとりを林さんは「陸軍特攻・振武寮」（東方出版、二〇〇七年）にこう書き記している。

〈上京して倉沢参謀に会った時、殴打事件についてたずねると、そんなことは一度もないと否定した。私は中野少尉の『航跡』を広げた。

「君、少佐参謀とあるだけで、倉沢とは一字も書いてないじゃないか」

倉沢参謀はとぼけた。

「菅原（道大）軍司令官と青木少将の目の前で起こった事件ですよ」

「青木武三なんて知らないなあ。そんな人なんか陸軍にはいないよ」

「あの有名な第三十戦闘飛行集団長の青木少将のことを知らないんですか？　明野教導飛行師団長だった方ですよ。この前お会いして第六十二戦隊を取材した時は、詳しく話してくれたではないですか。あの話はうそですか？」

少しずつたたみかけたが、知らないの一点張りだった〉

林さんは帰還隊員の大貫健一郎さん（一九二一〜二〇一二年）から事件の経緯について

「参謀を殴るとは大変なことで、中野少尉が振武寮に帰ってきた時は、まさに英雄だ。これまで胸につかえていたうっぷんが晴れて、すかーっとしたもんだ」と聞き出すとともに、倉沢参謀の人物評について「俺も倉沢参謀を今でも恨んどるよ。反抗的な態度を少しでもみせると、気が狂ったように虐待したからな。参謀の権力をかさに着て、あれほど恨まれた参謀はいないだろうよ」と同書で語らせている。

大貫さんは、私が殴打事件のことを聞いた時も飲んでいたコーヒーを噴き出すぐらい大笑いしながら、「あれはすごかったなあ。それまで振武寮でひどい目に遭わされていた分、気が晴れたよ」と話した。

ただ、大貫さんはそれほど恨んでいた倉沢参謀と戦後も戦友会の会合で何度も顔を合わせ、特攻批判を展開する大貫さんに、倉沢参謀が特攻に関連する資料を貸していたこともあった。私が「資料を貸してくれた倉沢さんには特攻の帰還兵を虐待したことへの、罪の意識もあったのでは」と水を向けると大貫さんは「まさか。そんなふうには見えなかったよ」と一笑に付し、こう説明した。

「いつまでも昔のことを言ってもしょうがないから、お互い大人の付き合いをしていただけ。決して怒りや恨みが収まったわけじゃない。結局、倉沢も公の場で、『悪いことをしました。すみません』って謝らないんだよな。もちろん、振武寮での扱いは彼一人の責任ではないことは分かっている。倉沢なんてしょせん、第六航空軍の参謀の中でも下っ端だからな」

恨みを抱く相手も、同じように生き残った「戦友」に変わりはない。無理にでも割り切らざるを得ない複雑な感情が垣間見えた。

侮辱を受けた帰還隊員が上官を「ぶっ飛ばし」ながら不問に付され、鬱屈する帰還兵が自軍の司令部めがけた〝特攻〟をしかけた当時の軍内部は、世間に流布された美談とは裏腹に、末期的な状況も一部には生まれつつあったのだろう。

帰還した特攻隊員に対する「仕置き部屋」と化した振武寮は、どのような経緯で設けられたのか。なぜ、帰還した隊員たちを収容する施設が必要だったのか。そこでは、何が起きていたのか。経験者たちの話を聞くと、若者がわが身を犠牲にして国を守るという美談の陰に潜む闇の正体がおぼろげに見えてきた。

３　押し付けられる精神論

乗機の故障などで敵艦への突入を果たせずに帰還した特攻隊員を収容した施設「振武寮」では、何があったのか。

私がたどりついた生き証人は二人。そのうちの一人が、牧甫さんだった。今から十五年前の二〇〇五年九月、福岡市西区の自宅に伺った。精神教育や時には暴行など、仕置き部屋のような状況があったことを確認する質問に対し、牧さんは「いろいろとつらい目にあった」と認めた。だが、否定せず大まかには認めながらも、具体的にどんなことがあったのか、についてはあまり積極的に話そうとはしなかった。代わりに牧さんの口から出たのはむしろ、ほのぼのとした思い出だった。

「両親が訪ねてきてくれてね、振武寮の中で両親と面会したよ。歯科医師のところに行く、と言って女学生たちに会いにいったこともあったなあ」

だが、後で考えると、努めて明るく振る舞おうとしていたのは、すでに人生の最晩年に至った牧さんが、つらい記憶を封じ込めたい、との思いからだったような気がする。

取材の際、牧さんは私に新聞記事のコピーを手渡した。訪問の十二年前に西日本新聞の朝刊に掲載された連載「振武寮」（一九九三年八月十一～十五日）だった。「貴様らなんでおめおめ帰ってきた。そんなに命が惜しいか」「沖縄に四万五千人の敵兵が上陸しようとしている。一人が千人の乗る輸送船に突っ込めば三万人の損害を与え、皇軍の苦戦はなかった。全員切腹ものだ」。家に帰って読むと、そこには牧さんが上官の参謀に浴びせられた罵詈雑言が赤裸々につづられていたのだ。

あらためて訪ねようと思ったが、お会いした四カ月後、牧さんは病気で帰らぬ人になってしまった。話を聞く機会が永遠に失われてしまったことを今でも後悔している。

そんな牧さんに代わり、振武寮内であったことを詳細に語ってくれたのは、大貫健一郎さんだった。以下は〇六年、たびたびお電話して聞いた時のやりとりだ。

―振武寮での屈辱に耐えられずに自決したり、精神に支障をきたしたりした人もいたと聞く。

「帰還したわれわれは『貴様たち、なぜおめおめ帰ってきたのか。いかなる理由を言おうとも、出撃の意志がなかったことは明白である。死んだ仲間に恥ずかしくないのか』といきなり罵倒され、生きて帰ってきてはいけないことが分かりました。無駄だろうが死んでもらわなければならず、戻ってこられては困るとね。第六航空軍司令部の考えがよく分かりました。外出も電話も手紙もダメ。軟禁状態となり、まさに生き地獄でした」

―大貫さんが帰還した時は。

「振武寮に入った次の日、朝早くから倉沢（清忠）参謀が竹刀を下げて入ってきてね。大声で『逃げ帰ってくるのは、修養が足りないからだ。軍人勅諭を言ってみろ』と怒鳴ったんだ。われわれが動揺して、つかえたりまちがえたりすると、倉沢は竹刀で打ちすえてね。終わった後も一同に正座をさせ、軍人勅諭の長い全文の筆写を命じてきた。私なんかは、軍人勅諭の清書を命じられた際に、『（再出撃のための）乗機を戴きたし』と書いたら、『不忠者、軍人勅諭を何と心得る』と竹刀で何十回も打たれ、丸二日動けないほど、半殺しの目に遭ったよ」

――日々の生活では。

「食事中にもやってきてね。『軍人のクズがよく飯を食えるな。命が惜しくて帰ってきたんだろ。そんなに死ぬのが嫌なのか、卑怯者が。死んだ連中に申し訳ないと思わんのか。おまえらは人間のクズだ。軍人のクズ以上に人間のクズだ』とののしっていったんだ」

特攻隊の編成表を手に当時を振り返る大貫健一郎さん＝生前、神奈川県逗子市で（写真提供：共同通信社）

日課は、軍人勅諭を書いたり、写経したり、精神修養をしたり、反省文を書いたり、九州帝大の学者から精神訓話を聞かされることもあったという。

牧さんと大貫さんの話を聞いた後、私が思い出したのは牧さんに話を聞く直前の〇五年四月、兵庫県尼崎市のＪＲ西日本福知山線の列車脱線で、百人以上の犠牲者を出した悲惨な事故のことだった。

事故の背景を分析する中で問題化したのは、当時、業務でミスをした運転士を再教育するという名目で同社が行っていた「日勤教育」と呼ばれる矯正指導のシステム。リポート、作文、就業規則の書き写しなどが行われ、その内容が、懲罰的な精神論に基づき、現場に責任を押し付ける陸軍特攻隊の振武寮と重なって見えてきたのだ。

今日も、さまざまな組織でパワハラ、モラハラが露見する。そんな報道に接するたびに、特攻のメカニズムに集約される組織構成員の矯正システムの記憶が今も日本人の思考の奥底に残り、無意識に起動しているのではないか。そう思うこともある。もしかすると、現代の日本社会の負の構造は終戦によって寸断されたわけではなく、実は忌まわしい過去と今も地続きなのかもしれない、と。

4　行き場失った反骨精神

規律の厳格な旧日本軍では信じがたい出来事の真相を確かめようと、私は振武寮を描いた映画「月光の夏」に登場する、司令部への突撃を同僚に持ちかけたという中尉への接触を試みた。

モデルとなった人物は、山形県生まれの元中尉今井光さん（一九二三〜二〇〇九年）だった。航空士官学校出身で、部下の僚機を率いる立場の特攻隊長だった。仙台にいることがわかり、二〇〇八年、思い切って手紙を書いた。しばらくしてかかってきた電話の主は、今井夫人。「実は、主人は病気で、意識がはっきりしない状態。とてもお話しできる状況でなく、すみません」「主人が元特攻隊長だったのは知っていた。写真も飾ってある」とのことだった。

今井さんの飛行記録を調べると、一九四五年四月六日に部下と計六機六人で知覧を出撃し、途中の徳之島飛行場（鹿児島県、奄美群島）に一機だけ不時着していた。同じように特攻を果たせず、先に徳之島に不時着していた大貫健一郎さんは、今井さんが徳之島に不時着した時のことをよく覚えていて、私に当時のことをこう証言した。

「今井中尉は乗機の調子が悪いことを特攻できなかった理由に挙げていたが、現地の整備担当者が『機体にそれほどの不調はない』と判断したんだ。それでも不調を訴えたために、同じ陸軍士官学校出身の整備将校に『おまえは士官学校出身者の面汚しだ』と罵倒され、殴られたんです」

この後、徳之島より再度出撃の機会が与えられたが、飛行場内で転覆してしまい、今度は乗機を壊してしまった。大貫さんらとともに、福岡へ戻り、振武寮に収容された時には、すでに汚名を着せられた状況だったという。

士官学校は将校養成のエリートコースで、大貫さんら学徒兵出身者とは一線を画していた。今井さんと同じ時期に振武寮にいた大貫さんと牧甫さんによると、寮に来た今井さんに対し、士官学校の七期先輩で寮では絶対的な存在だった参謀の倉沢清忠少佐は「おまえは士官学校出身の隊長でありながら、自分は生き残り、部下に恥ずかしいと思わんのか。ピストルを渡すから、これで潔く自決しろ」と迫った。

見送りの司令官と参謀の前で別れの杯を交わす第6航空軍の特攻隊員ら＝鹿児島県の知覧飛行場で（記録作家・林えいだい記念ありらん文庫資料室提供）

大貫さんと牧さんは、今井さんが牧さんに司令部への突入を依頼したのは、「卑怯者」などと繰り返しののしり、自死すら迫った倉沢参謀に恨みを募らせた結果だろうと、みる。今井さんへの取材は果たせなかったが、実は「月光の夏」ができる少し前、大貫さんが今井さんに「振武寮体験者の話を今集めているが、どうしますか」と電話したところ、「当時のことは忘れました。もう勘弁してください」という返事だったという。

また、シュミット村木真寿美「もう、神風は吹かない」（河出書房新社、二〇〇五年）によると、著者の村木さんが牧さんに「牧さん。その中尉（今井さん）ご存命ですか。会って、お話聞けません？　ドイツには、ヒトラー暗殺計画なんて何回もあったんです。そのたびに失敗してる。私、日本にはそういうことはなかったと思っていたんです。そんなことがあったということは日本人にとって救いなんですよ。そのくらいの反骨精神はあってほしかったんですから」と言ったところ、牧さんの返事は「いや、彼はもう勘弁してくれと言うだろうから」だった。

士官学校で今井さんの同期だった堀山久生さん（一九二三〜二〇二〇年）に、士官学校時代のことを聞くと、こんな言葉が返ってきた。

「彼は陸軍幼年学校の出身ではなかったが、行動がきびきびしていて、幼年学校出身者のように見えた記憶がある。快活でいい男だった。戦後、彼も特攻で出撃しながら戻ってきたと戦友から聞き、本当にかわいそうだと思った。戦後会ったこともあるが、彼のように壮絶な体験をしたような人間に対して、僕のような半人前の待機特攻組があれこれ聞くのは失礼だと思ったから、そんな話は聞かないことにしていた」

堀山さんは「月光の夏」も見たというので、実は突入事件を依頼した北条中尉のモデルが今井さんだと伝えると、仰天した。

「まさか。学徒出身将校だと思っていた。僕らは仲間を疑ったりしたくない」

信じ難い、という目で私を見返し、事実を受け入れようとはしなかった。堀山さんの知る今井中尉は、士官学校出身者らしく、純粋で職責に忠実な人だった。だからこそ、国や国民への人並み外れた忠誠心を汚す侮辱的な行為に耐えきれなかった可能性もある。

思い浮かぶのは、森友事件で公文書の改ざんを上司に強要され、自ら命を絶った財務省近畿財務局の元上席国有財産管理官、赤木俊夫さん＝当時（54）＝のことだった。組織のトップの保身が精神的な破滅に追い込んだ構図も、私の目に重なって見えるのだ。

この国の根幹を支えてきたのは戦前も戦後も、公務と職責に真摯(しんし)であろうとする人たちだ。その精神を破滅に追い込むメカニズムが組織上層部の保身によって生みだされる構図は、今も変わっていないのではないだろうか。

殴られた参謀

特攻を果たせず帰還した隊員を収容した「振武寮」（福岡市）。隊員を虐待する一方で、反発した隊員から暴行を受けた元参謀が記録作家に語った特攻の〝真実〟を残されたインタビューテープから読み解く。

１　使い捨ての命に中古機

陸軍の特攻隊で、帰還者たちを収容した振武寮で、横暴な振る舞いの揚げ句に格下の隊員から殴られるという〝事件〟の当事者になった参謀、倉沢清忠氏（一九一七～二〇〇三年）が生前の振武寮について、生々しく語る録音テープが残されていた。

林えいだい記念ありらん文庫資料室（福岡市中央区）にある「倉沢清忠参謀テープ」（全七本）がそれだ。記録作家の林えいだいさん（本名林栄代(しげのり)、一九三三～二〇一七年）が倉沢元参謀から聴き取った長時間に及ぶインタビュー。「特攻の研究に生かしてもらえるのなら」。森川登美江室長（78）の好意で、ダビングし、そのすべてを聞くことができた。

林さんは特攻の研究を始めるとき、「特攻は一つしかない命を消耗品扱いにした。機械じゃあるまいし。なんて軽い扱いなんだろう。非人間的だ。自分も命をかけて特攻研究をやりたい」と森川室長に語っていた。

「特攻だけは許せないという思いを感じた。調べていくうちに、さらにその気持ちが強まっていったように思う」

調査をもとに林さんが書いた「陸軍特攻・振武寮」（東方出版、二〇〇七年）のまえがきには、こう書かれている。

「無謀な特攻出撃を命令しておきながら、引き返してきた特攻隊員を隔離・収容して、徹底的に精神改造を図ろうとした振武寮の存在ほど、特攻作戦の本質を語るものはないであろう。命令に反して生還した隊員に対する（陸軍特攻が所属した）第六航空軍司令部の対応は、処罰としかいいようがない」

林さんは、簡単にインタビューに応じようとしない倉沢元参謀に、数々の歴史の闇を暴いてきた記録作家としての、まさに執念でその口をこじ開けた。福岡から上京し、東京に住む倉沢元参謀に初めて接触した場面が「陸軍特攻・振武寮」に生々しく描かれている。電話で取材を申し込んだが拒絶され、上京して押しかけるような形で自宅を訪ねていた。

〈「全国を取材して歩いていますが、失礼ですが正直いってあなたのことをよくいう隊員は一人もいません。早くいえば鬼参謀と恨んでいます。昨日電話の中で振武寮なんか知らないとおっしゃいましたが、実際に福岡女学院にあったことは、学院の百年史に出ています」

私は百年史のコピーを机の上に広げた。彼は感情が昂るのか、立て続けに煙草を三本吸って灰皿でひねり潰した。ニコチンで茶色になった指先が、ぶるぶると震えていた。

「福岡女学院の寄宿舎は県が接収して、軍に貸してくれた施設で、それを靖部隊という通

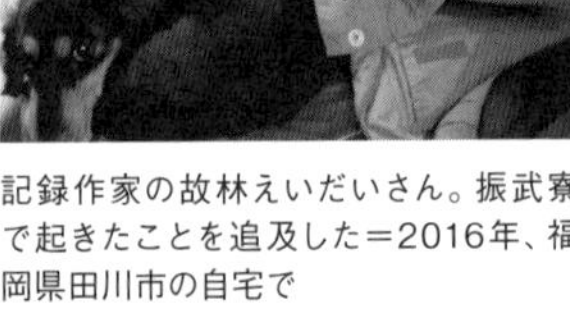

記録作家の故林えいだいさん。振武寮で起きたことを追及した＝2016年、福岡県田川市の自宅で

信隊が使用しただけで、単なる寄宿舎にすぎなかった。博多駅前の大盛館が第六航空軍の専用旅館で、特攻隊を待機させていたんだ。そこがいっぱいになったから、薬院にある福岡女学院の寄宿舎を利用したんだ。強制的に隊員を収容したわけではない」

と、あくまで振武寮の存在を認めようとしなかった。

「少年飛行兵出身の隊員の一人は、あなたの虐待を苦にしてピストル自殺をしたとか。もう一人は窓ガラスを割って、手の動脈を切ったという話が伝わっています。特攻隊に出撃して、機体の故障や敵機の迎撃に遭って、やむをえず不時着した者が大部分だったようですが、振武寮に隔離したのは見せしめのためですか？　それとも再出撃のための精神教育ですか？」

息詰まるような長い沈黙が二人の間に続いた。彼にとって一番嫌な質問であることを、私は十分に承知していた。〉（「陸軍特攻・振武寮」から）

しかし、倉沢元参謀も、特攻のすべてを聞き出そうという林さんの執念に、気おされたのだろう。音源のテープをたどると、半世紀以上も封印してきた秘話のいくつかを語り始める。元軍人らしくてきぱきと答えるが、林さんをどこまで信用して良いのか測りかねるように、巧妙に質問をかわす。歴史の闇の扉をこじ開けようとする記録作家と、できる限り封印しようとする元参謀との、丁々発止の生々しいやりとりだった。

倉沢元参謀は特攻に回された機体が「見た限り、中以下の大体何年か使ったものだった」

と明かす。
林　「ぼろっちい特攻機しかもらえなかったと聞いたが？」
倉沢　「それはありましたよ。だって、六航軍は重爆隊も戦闘隊も偵察隊もあったんですから。何百という部隊を持ってたでしょ、軍だから。そういう部隊は何回も攻撃してやろうっていうのに、軍司令部の作戦主任は、そりゃ特攻に（いい機体を）使いたくないですもん。それはもう常識中の常識でね。そうすると、練習機。練習機はみんな古いやつですよ」
軍神という美名の裏で若者たちの命は、中古機とともに使い捨てにされていた。それが、作戦の中枢にいた元参謀が初めて明かす特攻の内幕だった。

2　隊員に故障の責任転嫁

「軍神」ともてはやす一方、特攻隊員たちに与えられた機体は中古品。戦況の悪化を取り繕うために若者たちを〝消耗品〟扱いした作戦は、当然のごとく矛盾があらわになってていく。

私は、林えいだい記念ありらん文庫資料室にある「倉沢清忠参謀テープ」を再生し続けた。隊員を基地から送り出す一方で帰還者には暴力的な制裁も辞さなかった元参謀の倉沢氏が衝撃的な内幕を明かしていた。

与えられた飛行機は故障しがちな中古品だった、という証言に記録作家の林さんは、少し驚いたように聞き返した。「性能のいい飛行機はあんまり生産してなかったのですか」。倉沢元参謀は事情を明かした。

「製造はしてました。してましたけど、焼け野原でできなくなったし。（特攻以外の）部隊でも要求してくるわけでしょ。軍としては飛行機がいいのができたら、特攻隊じゃなくてまずは戦闘部隊。飛行団っていうのがいっぱいありました。飛行戦隊も。要求するほんの一部しか出せないのに、特攻隊で行って突っ込んじゃうというんじゃ、これは戦争の理屈に合わないですよ」

一機製造するのに多大な資金と労力を注いでいるのに、一度の突撃で失うのは「もったいない」という理屈はその通りだが、では、生身の人間はどうなのか。テープを聴くと、思わず突っ込みたくなる発言が随所にあった。

また、性能の劣化した中古品なら、知覧（現鹿児島県南九州市）から目的地の沖縄に向かう途中でトラブルが発生し、引き返したり、不時着したりすることは、当然予想されたはずだが、驚いたことに、帰還はまったく想定していなかった、と倉沢元参謀は明かす。

「恥ずかしいけども、私の立場はね、特攻隊がみんな行ってみんな突っ込んでくれる、という前提で仕事をしていたんですよ」

敗戦が色濃い状況で、戦況の悪化から国民の目をそらす目的しかなかったからだろう。戦争にも例えられるコロナ禍の中で、場当たり的な施策が「やってる感を演出しているだけ」と批判された日本政府にも、当時の戦争指導者と通じるところがあるのではないか。

さらに、テープを聴いていると、予期しなかった帰還は、戻ってきた隊員たちに問題があったかのような、不可解な展開になっていく。倉沢元参謀は隊員らが機体の故障を偽装したかのように語っているのだ。

「帰って来なかったら二階級特進。（なのに）途中で命が惜しくなってね。飛行機が故障だとか（言って）ね。帰ってきて着陸しないで（途中で）海岸に降りちゃうんです。そうすると、わかんないでしょ、証拠が。飛行機が海岸に降りたら、めちゃくちゃになるでしょ。（不時着の理由を）エンジンが止まったってことにして」

林さんが「徳之島（鹿児島県、奄美群島）あたりで？」と聞くと、倉沢元参謀は「いっぱいありますね。そういうのがいっぱい帰って来てるでしょ。それを入れたのがこの振武寮なんです。そこの世話をするのが私なんです」と答えた。

隊員に与えられたのが使い古した練習機だったのだから、多くが航続できず不時着したのも不思議ではない。「命が惜しくなった」と一方的に決め付ける根拠はどこにもないはずだ。作戦を美化し、寮で帰還した隊員らに行った制裁を正当化するために、そう決め付けるしかなかったのかもしれない。それが、戦後半世紀を過ぎても根強く「立場」を変えていないことに驚かされた。

それと同時に、テープを聞きながら、私は生前に取材した大貫健一郎さんのことを思い出していた。大貫さんも乗機の故障で徳之島に不時着し、帰還した一人。喜界島（鹿児島県、奄美群島）から軍用機で戻る際にはすでに三十人近い隊員が島に待機していた。最終的に、特攻隊の帰還者は八十人を超えた。

生前の倉沢元参謀＝東京都西東京市の自宅で（記録作家・林えいだい記念ありらん文庫資料室提供）

大貫さんは何度も私に「特攻なんてうそ

しい」と訴え、戦友会の冊子に戦友の遺族の言葉をこう書き記した。

「あの連中は勘違いしているのではないか。企画し命令して狂気の作戦を行った事に申し訳ないと心から詫びたことが一度でもあるだろうか。特攻をいたずらに美化し、己の無能をすりかえ、旧軍の栄光にしがみついている愚将共の偽善行為としか思えない。（戦死した）兄も無念の思いで死んでいったことと思う。亡き父が印刷された感状を叩きつけたことが忘れられない」

元参謀と元隊員との見解の隔たりはあまりにも大きかった。

3 「国のため」人と組織狂わす

帰還した特攻隊員たちが口々に「鬼参謀」と評していた元参謀（少佐）の倉沢清忠氏とはどんな人だったのだろうか。

陸軍の特攻隊で、出撃後に機体不良などで帰還した隊員たちを収容した振武寮を大学院時代から研究してきた私は、倉沢元参謀の人物像にもっぱらの関心があった。

記録作家の林えいだいさんが倉沢元参謀から聴き取った長時間に及ぶインタビューテープを聴くと、林さんの質問に元軍人らしくあまり喜怒哀楽を交えず、てきぱきと答えてはいるが、すでに八十六歳の倉沢元参謀は年相応のしゃがれた声で、戦争当時を淡々と話す様子が印象的だった。

第6航空軍参謀時代の倉沢氏（記録作家・林えいだい記念ありらん文庫資料室提供）

音源から目に浮かぶのは、鬼参謀と聞いていた姿とは全く違う「普通のおじいさん」像でしかなかった。ただ、記憶力はものすごく良く、言葉に詰まる場面はほとんどない。わりと気さくにも話していることから、うそをついているようにも思えなかった。

倉沢元参謀は、陸軍士官学校、陸軍大学校

卒のエリート軍人で、軽爆撃機パイロットだった。一九四〇（昭和十五）年の紀元二六〇〇年記念行事では、昭和天皇の前で編隊飛行を披露したという腕前だったことから、飛行技術には相当の自信があったと思われる。

しかし、飛行機の墜落事故で頭蓋骨を骨折。結果的に左目が見えなくなって操縦できなくなったことで、二十七歳の若さで特攻を出撃させる陸軍第六航空軍の参謀になった人だ。

取材に基づく林さんのメモの中に、倉沢元参謀の気になる言葉があった。

「私自身も振武寮の隊員を殴りつけたり、朝早く出かけて竹刀で叩(たた)いたり、今考えると馬鹿(ばか)なことをしたと後悔しています」

意外にも後悔の言葉だった。ただ、あくまで「今考えると」という前提のもとで、帰還者への虐待が当時としては正当だった、との信念には何ら揺らぎは感じさせなかった。林さんの取材メモには、元参謀のこんな言葉も残されている。

「戦争というものは、そして戦場というものは、人間を変えてしまう魔力があって、組織全体がそれにどっぷりつかってしまうと何も見えなくなる。それが戦争というものだ。過去の批判は、今日では何とでもいえる。しかし、当時の真実というものは確かにあって、特攻隊を出撃させることは『自分は正しいことをしているのだ』『これが国のためだ』と疑わなかった」

帰還者らを打ちのめした当時の心境を、こうも振り返っている。

「意気消沈した哀れな姿を見ると、これはもう再び特攻隊には出撃できないと思った。たとえ出撃しても、再び帰って来るであろうと思った。一度憶病風に当たると、もう死ねないと思った。ではどうするか、徹底的に反省させて、精神を叩き直すしかない。私の心は怒りに燃えた」

倉沢元参謀を現代の企業社会にたとえれば、さしずめ強烈なパワハラ気質のクラッシャー上司ということになる。それは個人的な資質によるものか。そうではないだろう。倉沢元参謀をクラッシャー上司へと追い立てる力が働いていたはずだ。

そう考えると、引っ掛かるのは特攻を実行していた第六航空軍の菅原道大元司令官（一八八八〜一九八三年）が残した言葉だった。

菅原元司令官は八十歳の時、当時の防衛庁防衛研修所戦史室の求めに応じて記した「特攻作戦の指揮に任じたる軍司令官としての回想」（一九六九年）でこう書き残している。

「某軍曹はまた帰って来た、エンジンの不調は完全に直ったがまた帰って来たと云ふような話が予の耳に入らぬでもなかった。予は不問に附した。之は不適格者だと云ふことは解る。然し特攻要員免除と云へば名誉失墜当人を殺すことになる。何の誰兵衛で事情如何にと軍司令官がいきり立てば軍法会議問題ともなりかねない。自然淘汰に待つを賢明と考え敢えて追及するとか、処罰するとかいふような、手段に出ることをしなかった」

隊員たちの帰還をあえて問題にしなかった、というのは「トップの司令官として度量の広い対応」と言えば聞こえはいい。しかし、いかにも無責任な発言に思える。この構図に共通するのは、財務省の文書改ざん問題。多数の職員が処分される一大不祥事にもかかわらず、省トップの麻生太郎財務相は涼しい顔でやりすごした場面が似て見える。

組織を挙げて実行されたにもかかわらず、最悪の結末になると中間管理職の「暴走」と総括され、おざなりの検証で責任の所在もあいまいなまま終わる。

真実を闇に葬るこの国特有の構図は今も地続きなのではないか。倉沢元参謀が語った「当時の真実」に通じるメカニズムの正体を知ろうと、私は彼が語る音源を再生し続けた。

4　戦争導く「命より愛国」

帰還した特攻隊員たちが口々に「鬼参謀」と評していた元参謀の倉沢清忠氏が、記録作家の林えいだいさんの質問に生々しく証言した長時間のインタビューテープでは、戦争末期の軍組織の無責任な体質が浮き彫りになってくるようだった。

出撃後に機体不良などで帰還した隊員たちを収容した振武寮でのことを話すところでは、隊員を送り出す参謀としての思考が顔をのぞかせた。

テープに基づく林さんのメモには、倉沢元参謀が「今考えると馬鹿なことをしたと後悔しています」と後悔の言葉を語る一方で「当時の真実というものは確かにあって、特攻隊を出撃させることは『自分は正しいことをしているのだ』『これが国のためだ』と疑わなかった」との言葉が残されている。

倉沢元参謀が語る「当時の真実」とは何なのだろうか。私は再生されるテープから流れる元参謀の言葉に集中した。

気づいたのは倉沢元参謀が、特攻の隊員の中でも大学在学中あるいは卒業後に召集された学徒組に対して、偏見に近い見方をしていることだった。

私が取材した大貫健一郎さんについて語る場面が録音テープの中に出てくるが、学徒組の大貫さんを色眼鏡で見ていることが伝わってくる。

「大貫健一郎は自分が帰ってきて、真っ先に私に会ってると。その時に『何で帰ってきたか』と言ったらしい。非常に厳しく出たらしいんですよ」

殴打した場面は記憶にないような口ぶりだが、出撃後に故障で戻ってきたことを一方的に偽装と決め付けている。

「ということはね、今言ったように（敵の）弾が当たったということにしないと、自分が正当美化されないわけですよ。私は勘で分かるんですよ。敵の戦闘機がそんな程度で（攻撃をやめない）、撃墜するまで来ますからね、アメリカ人は。中には海岸線に不時着するんですよ。水浸しになっちゃうと、もう調査できないんですよ。だから、パイロットから聞くと、弾にやられたと言うんでね。それ（機体）を引き揚げていちいちやるような、経済的な労力もできないから。それを言う通りに。変だと思っても、別にそれを認めたって罪にならないしね」

決め付けの背景にあるのは大貫さんら学徒出身者に対する偏見。独自の持論をこう語っている。

「大学出てね、みんなが（戦争に）行くから（仕方なく出征した）。それから飛行機にただで乗れるから、スポーティーな気持ちだったところが（意に反して）特攻隊に行ったでしょ。とんでもねえ、死ねるか、と腹の中にあった人が途中で引き返して来たと（いうこと）」

大貫さんとは戦後、戦友会で同席し語り合うこともあったが、けっして本人の面前では語ることのなかった腹の中をテープの中では赤裸々にぶちまけていたのだ。

特攻隊の将校（少尉以上の士官）には、十代から軍人教育を受ける士官学校出身者と大学出の学徒出身者がおり、倉沢元参謀は士官学校出身、大貫さんは倉沢元参謀より四歳若く、学徒出身だった。

大貫さんをはじめとする学徒出身者への倉沢元参謀の持論は続いた。

「（学徒出身者は）人間的にコンプレックスがあるんですよね。士官学校は大学よりも教育期間が短いでしょ。だから（士官学校出身者は）若くして参謀なんかになってね、生粋のパイロットとは言いながら『自分は特攻隊にならないで（学徒

林えいだいさんが残した900枚近くになる倉沢元参謀の取材メモ＝福岡市中央区の記録作家・林えいだい記念ありらん文庫資料室で

出身者の）われわれ素人を特攻隊用に大学から引っ張って。話が、「筋が違う」っていうようなね。日本の教養ある人間を特攻隊にして、（命令するのは）士官学校など教育期間の短い、軍人学はできるけど、経済学、政治学、外交関係、国際関係の知識のないやつが参謀肩章つって（学徒出身者に）『特攻隊になって行け』って。それに対するコンプレックスがない方がおかしいんですよ。今になってみると」

倉沢元参謀の持論は、特攻の遂行と「教育」との関係へと広がる。林さんが「少年飛行兵出身者はものすごく真面目みたいですね」と水を向けると熱っぽく語り始めた。

「あまり教養、世間常識のないうちからお小遣いをやって、うちに帰るのも不十分な体制にして、徹底的にマインドコントロール、洗脳、北朝鮮ですよ。あんまり世間を知らないうちにやらないとだめなんですよ。法律とか、政治を知っちゃって、今の言葉で言えば、人の命は地球よりも重いなんて知っちゃうと。人の命の尊さをあんまり知っちゃうと、死ぬのが怖くなるんですよ。それをまだ十二、三の頃から洗脳すれば、自然にそういう（命令に絶対従う）人間になっちゃうんですよ」

戦場では愛国教育こそが力になり、人を人とも思わない特攻のような作戦の命令に、学徒兵の「教養」が目障りでしかない。元参謀の言葉には、戦争と教育との関係が凝縮されていた。

5　護身のピストル　80歳まで

帰還した特攻隊員たちが口々に「鬼参謀」と評していた元参謀の倉沢清忠氏が、記録作家の林えいだいさんの質問に生々しく証言した長時間のインタビュー。録音テープとともに林さんが残していたメモの内容で驚いたのは、倉沢元参謀が戦後五十年以上も軍隊時代のピストルを持ち続けていたことだった。

「私は終戦後、はじめて実弾をこめて腰につって歩くようになりましたから。戦争中から参謀用のピストルは持っていましたよ。戦後、八十歳になるまで毎日持って歩きましたから。万一の場合を考えてね。軍刀も家で持っていました。（中略）それはあくまで護身用ですよ」

倉沢元参謀は終戦時、振武寮から離れてはいたが、敗戦によって戦時中の「参謀」という立場が恨みを買う対象に変わり、身の危険を感じていた。

「終戦直後というのは、参謀なんて殺してしまえという変な雰囲気がありましたから。まず参謀なんかを真っ先に殺さなければならないと。復員軍人をはじめ殺気立っていましたから。ひょっとしたら襲われるかもしれないと不安でした」

離れはしたが、振武寮でとった行為への報復も心配だったらしい。

「第一、私は第六航空軍の編成作戦参謀で、特攻隊を死に追いやった一番の張本人ですか

ノモンハン事件（1939年に起きた日本と旧ソ連の紛争）当時の倉沢元参謀。この時期は現役のパイロットだった＝記録作家・林えいだい記念ありらん文庫資料室提供

ら。生き残った隊員、振武寮にいた隊員から、遺族から真っ先に狙われる立場にあった」

林えいだい著「陸軍特攻・振武寮」では、倉沢元参謀が語った言葉の詳細をこう書き記している。

「軍司令官も大本営参謀も、戦後になるとみんな逃げ腰になって責任を取らず、編成参謀の私が一番の悪者となって集中攻撃されている。沖縄戦が終わった翌月（一九四五年七月）には、私は本土防衛作戦のために鉾田教導飛行師団研究部の参謀として茨城に行ったから、それ以後の第六航空軍の特攻隊のことは知らないよ。でも考えて見ると特攻隊を出撃させた現場責任者は私でしたから、多くの隊員を出撃させたので、恨みに思われるのは仕方がないし、遺族からも反感を買っているので、いつ報復されるか分からないと、夜も安心して寝ることもできなかった。八十歳までは自己防衛のために、ピストルに実弾を込めて持ち歩き、家では軍刀を手離さなかったんです」

この告白は、林さんを驚かせたようだ。

〈倉沢参謀の口から、全く意外な告白が出て私はたじろいだ。戦後ずっと、特攻隊員の報復を恐れ、ピストルと軍刀を手離さなかったということが、彼の任務の全てを物語っているではないか。護身用のピストルと軍刀は、平和な時代にそぐわないと、手離すことを決心して、七年前に保谷警察署に届け出た。その時倉沢参謀は八十歳であった。

倉沢参謀が、それまで武器を持っていたことを不審に思った警官は、その出所について追及した。

「第六航空軍の参謀時代から、護身用に持っていた」

わが子か、孫のような若い警官には、戦時中と戦後の特攻隊と参謀の関係はよく飲み込めなかったようだ。ピストルと軍刀は（一九四五年）八月十五日に必要なくなり、父親に預けると、すぐ鉾田飛行師団研究部に帰った。近頃、父親の寝室の箪笥から出てきた、とうその説明をした。

警官数人が家に現場検証にきて、二階に隠していたという場所を調べた。「あなたはまだ容疑者ですから、正直に話してください」。もう一度保谷警察署に呼ばれて取り調べを受けた。警官を納得させるには時間がかかったという。

高齢と病後の体調を心配して長時間の取材を控えたが、どういう気持ちの変化なのか、五、六時間話し続けた。肝心な点になると避けることもあったが、倉沢参謀の置かれた立場がそうさせたのであろう。上京すること四回、彼なりに最後まで私の質問に応えてくれたことで、沖縄特攻と振武寮の実態が、おぼろげながら浮かび上がってきた〉

林さんが聞き取ったのは二〇〇三年三月のこと。聞き手も語り手もすでに鬼籍に入っているが、残された長時間のテープ、メモ、書籍からは、鬼参謀のもう一つの顔が浮かび上がる。多くの元隊員から倉沢元参謀評を聞いてきた私には、林さんが驚いたのと同じように、終戦後も護身用のピストルを手放さなかった、ということが衝撃だった。

倉沢元参謀を現代のクラッシャー上司になぞらえたが、ピストルのエピソードは彼が隠し続けた〝弱さ〟を象徴する。その弱さは、組織の中で生きる〝弱さ〟とも呼ぶべきだろう。組織による不正で表面化する登場人物の多くは中間管理職。不正行為の裏には、上層部からの無言の圧力、それに対する忖度（そんたく）、そして、トップの責任回避がセットになっている構図は、七十数年前にこの国であった「特攻」の構図と変わらないのではないか。今もこの国の斜陽を加速する負のメカニズムの原型が歴史の中にかすんで見える気がする。

6　板挟み　哀れな中間管理職

帰還した特攻隊員たちが口々に「鬼参謀」と評していた元参謀の倉沢清忠氏が、記録作家の林えいだいさんの質問に生々しく証言した長時間のインタビューテープ。そこから浮き彫りになってきたのは、クラッシャー上司の素顔とともに、組織の中ではいつも板挟みになる中間管理職の悲哀だった。

その象徴的な場面は、林さんが帰還兵を収容した振武寮の由来を質問し、それに倉沢元参謀が答えるところだ。自らを「チンピラ」と卑下しながら語っている。

林　「振武寮の発想は閣下（菅原道大第六航空軍司令官）がしたんですか？　先生がしたんですか？」

倉沢　「ああいうことはね、誰がしたって、個人的には出さない。司令部がしたという。だからね、出だしが菅原閣下か、副官か、官僚か、（上層部の）参謀か、上の方ですよ。チンピラが言ったって通じないですからね。だって『女学校に振武寮つくるから部屋出せ』なんて言えた義理じゃないでしょ。そういうのは（根回しの）下話で官僚がやる。できた時に閣下に言うと、閣下はただ判を押すわけですよ。振武寮の名前ができる時に（あったのは）女学校の裁縫室。それは裁縫室だから、畳があるだけで（本来は）宿泊するところじゃないんですよ」

この後、倉沢元参謀は聞かれるままに振武寮であったありのままを語り続けた。

林　「布団やらも全部持ち込んだ？」

倉沢　「持ち込んで。大部屋にね。帰ってきてから寝るところがないでしょ。（旅館の）大盛館なんか入れて金払うんじゃなくてね。帰ってきてみんなに言わない方がいいわけですよね、やっぱり。俺は途中で帰ってきたなんてね。だってもう、だんだん人が増えて三十人、五十人になるわけだからね。そういうのを入れるためにつくったというよりも、ちょうどいいところがあるから、そこに入れるよ。ついでに裁縫室などと言わず、振武寮といえば、聞こえがいいでしょ」

林　「隔離所ですか？　精神たたき直すところ？」

倉沢　「（出撃の）予定がないから、結果的に隔離所になるわけですよ。司令部としては（再び出撃するなら）飛行機を準備するわけですよ」

林　「振武寮の中で厳しい生活規制をされた人と自由に街へ出て飲みに行った人もいたと聞いたが」

倉沢　「後になってそうなっちゃったんですよ。衛兵はいなかったよ。軍隊と違って、女学校ですからね。当時衛兵は必要なかった」

言葉の端々から浮かぶのは、面倒を押しつけられた中間管理職の悲哀でしかない。驚いたのは、振武寮で起きた「ピストル事件」の事後処理にも関わっていたことだ。事件は陸軍の報道班員だった高木俊朗氏（一九〇八〜九八年）の著作「特攻基地　知覧」（角川文庫、一九七三年）には要約すると次のように描かれている。

〈一九四五年五月のある日、知覧から福岡まで飛行機をもらいに来ていたある隊員の妻が福岡の大盛館までやって来た。その隊員が追い返そうとすると、妻は夫のピストルを持ち出して自殺しようとした。それを見た隊員の方が激怒し「貴様みたいなやつは殺してやる」と軍刀を抜いたのである。その場はおさまったものの、翌日彼は謹慎を命じられて振武寮に収容されることとなった。実は、この妻は四月二十八日にも知覧で夫の出撃を妨害しようとして騒ぎを起こしている〉

倉沢元参謀は林さんのインタビューで、事件を処理した経緯をこう明かす。

倉沢元参謀が林えいだいさんに託した写真。鹿児島県の知覧飛行場で出撃前夜に遺書をしたためる特攻隊員たち＝記録作家・林えいだい記念ありらん文庫資料室提供

「その事件が起きた時に、私呼ばれて『軍司令部でそういうことがあったからおまえ行って見てこい』と。一人で大盛館に行ってね、話をして。本人に、奥さんに会ったんですよ」

ここでも戦況の悪化を隠して若者を「軍神」に仕立てた〝宣伝〟と現実のずれが示されている。倉沢元参謀はその矛盾のはざまに身を置く中間管理職でしかなかったことを示すのが、帰還した隊員らの説明を疑う場面で出た憲兵を恐れる言葉だった。

「(突入せずに戻ってきた理由を) 変だと思っても、別にそれを認めたって罪にならないしね。変だと思っても、何にもならないしね。『変だと思う』なんて言うと、憲兵からやられますからね。『特攻隊の言うことを何で怪しむんだ』ということになると、自分が罪になっちゃうからね。私自身だってくさいなと思っても、あんまり言うと、きりがないでしょ。みんな怪しいんですから、帰ってくるやつは。それで私の心境としてね、ちょっとくさいやつに対しては、強く出たというような感じですよ」

戦中は憲兵を恐れ、戦後は隊員からの報復を恐れていた、それが「鬼参謀」の実像だった。

組織の中で自分を押し殺し、組織の論理にあらがえず、時にクラッシャー上司となって暴走する。元参謀の姿が斜陽の時代に入ったこの国の、哀れな中間管理職とも重なって見えてしまうのは、なぜだろうか。

教官の出撃

命令のない強制力が名目上の「志願」にすり替わり、若者たちを軍神に仕立てて中古機をあてがい、実行へと追い立てた特攻。組織の論理で個人を押しつぶすこの国特有のメカニズムを現代の視点で検証する。

1　聞き捨てならぬ「なぜ志願」

特攻の起源をたどると、「志願だった」という主張と「命令だった」という証言が混在し、ぶつかりあっている。証言者はいずれも生き残った人々で、「命令だった」との証言が隊員に多く、「志願だった」との証言が将官、佐官に多い。

戦後、七十六年になろうとする今も、その決着がついているわけではない。あいまいなまま今日に至っている。真相を突き詰めるために、会っておきたい人がいた。

その人、臼田智子さん（79）＝埼玉県＝の父伍井芳夫大尉（一九一二～四五年）は戦争末期、陸軍特攻隊の隊長として命を落とした。生まれて間もなかった臼田さんには、父の記憶は何もない。戦争で亡くなったことは知っていたが特攻隊員だったことは知らなかった。夫を亡くし生後間もない長男も病死。娘二人と戦後の苦難を生きた母は、父のことについて多くを語らなかったという。

亡き父が特攻隊員として戦死したことを知ったのは一九五五（昭和三十）年、臼田さんが中学一年生の時だった。その場面を著書「特攻隊長　伍井芳夫」（中央公論事業出版、二〇〇三年）にこう書いている。

〈ある日の午後、白髪の品のよいおじいさんが訪ねて来た。第六航空軍司令官、陸軍中将

乗機の前に立つ伍井芳夫大尉（臼田智子さん提供）

であった菅原道大（みちおお）様であった。（略）仏様に手を合わせ、線香をあげてくださった。そして母に、「どうしてこのように小さなお子様がいて、なぜご主人は特攻に行ったのでしょう」と言われた。その言葉を聞いて母は、一瞬大きな声で、「あなたさまは…」、後の言葉は飲み込んだ。私は初めて、母の荒らげる、普通ではない感情を感じとっていた。しばらく沈黙の時が過ぎ、母も落ち着き、丁重に菅原様に、「今日はお訪ねいただき、お線香をあげてくださり、ありがとうございました」とお礼を言っていた。その後のことを私は覚えていない〉

菅原元司令官（一八八八～一九八三年）は、特攻隊員を送り出した数少ない陸、海軍の司令官の中の一人。四五年八月十五日の玉音放送を聞いて自決した指揮官もいた中で思いとどまり、極貧の生活を続けながら特攻隊員の遺族を各地に弔問した。自らの果たすべき役割を隊員たちの慰霊と、国家のために自分を犠牲にした若者たちの「志」をたたえ、後世に伝え続けることだと決意してのことだった。

臼田さんが著書に書いた場面は特攻をめぐる「志願」と「命令」かの根源的な問題を突きつけていた。特攻で夫を失った妻と、その夫を特攻に向かわせた司令官の認識の違いが表面化した決定的な一瞬だった。

伍井大尉夫人である臼田さんの母園子さん（一九一八～八七年）にとって、幼子が三人もいる夫が進んで特攻隊員になったはずがないことは、言うまでもない。菅原元司令官のぶしつけな質問は、あまりにも無神経であり、聞き捨てならなかったのは当然だった。

二〇二〇年、臼田さんに、その場面での母親と菅原元司令官の様子をあらためて聞くと、こう振り返った。

「母があのように声を荒らげる姿を見るのは初めてでした。まず、それに驚きました。菅原さんはハッとした様子で黙りこみ、しばらく沈黙が続いたのは覚えています」

まだ中学生だった臼田さんは父親が戦死したことは知っていたが、特攻隊員だったことを、この時初めて知った。

戦後間もなかった当時、中学校でも戦争で父親を亡くした生徒はクラスに五、六人いた。父親参観日もなく、「父がいないことも気にしたことはなかった」。どのように戦死したのかも考えたことがなかった。

菅原元司令官の言葉に母親が声を荒らげた、そのただならぬ気配に初めて父親の死が「戦争で亡くなったのは同じでも、父親の死に方が他の人とは違う」と感じた。この時、初めて父親が特攻で命を落としたことを知り、それ以来、父親の死の意味を深く考えるようになった。

園子さんは子どもたちに夫のことを多くは語らないまま他界した。終戦から八年後の一九五三年、夫の恩給が支払われるようになった。そのことについて、後に新聞社の取材にこう話していた。

「恩給のおかげで、二人の娘（※息子は早世）をどうにか短大までやれました。けれど、夫たちにああいう非情なことをさせた当時の国の指導者に対する恨みが消えたわけでは、決してありません」（宮本雅史「『特攻』と遺族の戦後」から）

母の死後、遺品の中から見つかった、父親が自分たちあてにのこした遺書には、幼子三人を置いて旅立つ無念が記されていた。

2　わが子抱きしめ　任務へ

臼田智子さんは父親の伍井芳夫大尉が特攻隊だったことを中学一年生の時に初めて知った。きっかけは、父親が所属した陸軍第六航空軍の司令官だった菅原道大元中将の弔問だった。

菅原元司令官が母園子さんに「どうしてこのように小さなお子様がいて、なぜご主人は特攻に行ったのでしょう」と言い、その言葉を聞いた母が大きな声で「あなたさまは…」と声を荒らげ、言葉をのみ込んだ。その日以来、父の死の意味を深く考えるようになった。

当時の心境を臼田さんは著書「特攻隊長　伍井芳夫」にこう書いている。

〈私は、特攻隊って何、と思った。（略）戦争でも死に方が違う。心の中でそう思っていたが、母の心の怒りを知ってしまった以上、父の戦死のことを訊（たず）ねることはできなかった。やっと親子三人、平穏に暮らしているときだったし、また母は、父のことは忘れようとしても忘れられないが、忘れようとしていたときだった。（略）母は生きている間、父が特攻隊だったということを、親しい人には話すことができたが、それ以外は、自分からあまり言い出さなかった〉

母の死後、遺品の中から父親がのこした遺書が見つかった。出撃の直前に、三歳十カ月の姉満智子さんと一歳七カ月だった自分に宛てた手紙だった。

〈遺書　親愛なる満智子、智子よ　お父さんは大東亜戦争の勝利の為昭和二十年の春　特別攻撃隊第二十三振武隊隊長として日本男子の最大の誉を得て立派な戦果の下に散りますお父さんは姿こそ見えないけれど護國（ごこく）の霊となって　何時までも何時までも生きて居ります　満智子も智子も克くお母さんの謂（い）い付を守って立派な人となりなさい　弟の芳則を援（たす）けて軍人の遺族として立派に成人して下さい　お母さんは　お前達の養育の為　言葉に云（い）い表せない非常な苦労をして来たのです　大きくなったなら此（こ）の御恩を忘れず必ず孝行して　お母さんを楽にして差上げなければいけません　お父さん　お前達の成長を見守っております良く勉強して立派な人となりなさい　病気にならない様体を丈夫になさい　昭和二十年三月九日　父より　満智子、智子　殿〉（※原文はひらがな部分が片仮名）

臼田さんは初めて遺書を読んだ時の感想をこう語った。

「すごく優しい人で子煩悩だったと聞いていましたが、そんな父の思いが手紙から伝わってきました」

母からは出撃する一週間前、最後の別れのために埼玉県の自宅に帰って来た時の父の様子をこう聞かされた。

「三人の子供の一人一人に声をかけ、抱きしめた。（略）父はいつまでも芳則を抱き上げ、『頼んだぞ、芳則は男の子だから、大きくなったらお母さんを父さんの代わりに守って

あげるんだよ（略）父さんと芳則の約束だよ』と、まだ何もわからない赤ん坊に話しかけていたという」（同書から）

その後、臼田さんは父が優しかったのは、家族に対してだけではなかったことを人づてに知るようになる。特攻隊長のイメージとはほど遠く、とても部下思いの人だった。ある隊員の母親が出撃後、臼田さんの母に宛てた手紙にこんな一節があった。

「大尉殿に御目に懸かりまして温かい部下を労（いたわ）って下さるお方という事を知りました。清一もすっかり信頼申して居りました事がよく分かりまして本当に幸福者と存じました」

別の隊員の妻からの手紙にもこうあった。

「部下思いのおやさしい御立派な隊長様についていて征かれましたこと、主人（も）どんなにか幸せで御座居ます」

第23振武隊の12人。後列中央が伍井芳夫大尉（臼田智子さん提供）

伍井大尉は出撃する少し前まで千葉県の銚子飛行場で学徒出身者らの操縦を指導していた。同じころ、隊員の訓練風景が撮影され出撃後の一九四五年四月下旬、映画「乙女のゐる基地」として国威発揚のために上映された。撮影の半世紀後、臼田さんは映画に女優として出演した女性から突然、連絡を受け、面会した。当時撮った写真を渡しながら、すでに七十歳になっていたその女性はこう言った。

「お父様はご立派な方でしたよ。私たち、あの映画に出た人たちと会うと、いつも伍井さんの話になってしまって。でも生きているとずっと思っていた。まさか特攻隊の隊長になって出撃したなんて。お父様は操縦する人に『もっと高く』とか『低く』とか号令をかけていた」

三十二歳の家族持ちで、特攻隊員の指導教官だった父がなぜ出撃したのか。臼田さんが中学一年生の時、弔問に来た菅原元司令官の問いの答えが次第に輪郭を表し始めていた。

３　教え子と運命を共にする

特攻は「志願だった」という主張と「命令だった」という証言が戦後、ぶつかりあってきた。

戦争末期、特攻隊長として戦死した伍井芳夫大尉の妻園子さんは高級将校ら〝行かせた〟側が語る「志願」を信じていなかった。二人の娘には「かりに志願したとしても、三人の子どものいる者に対して、それじゃあ行けというのは、どう考えたっておかしい」と話していた。

次女の臼田智子さんによると、伍井大尉は特攻に出撃する真意を園子さんには詳しく話さなかった。

「長い間教官をしていたから、教え子は皆死んでいく、自分だけ残っている。そういうことが耐えられない純粋なところがあった人なの」

生前、園子さんはそう受け止めていた、という。

伍井大尉が特攻を覚悟したのは出撃の約三カ月前とみられる。出撃直前の園子さんへの手紙に「銚子赴任の時から心に期して居(お)りました」と時期を明示しているからだ。その時期、銚子飛行場では伍井大尉ら教官のもとで日々、学徒出身者たちが訓練を受けていた。

「父よりもはるかに操縦の経験が乏しい人たちが次々と苛烈な戦場に送り出され、あるいは特攻隊の編成に加えられるのを間近に見て、教育の場にいられなかった。若い者だけにこの重圧を負わせてはならない。妻子四人を残して行くことは大変つらいが、大義のために行くと、父は決意した」

臼田さんはそう考えている。

そんな父の葛藤を物語る手紙の存在を知ったのは母園子さんが他界してからだった。母の遺品の中にあった手紙の差出人は古島ちえ子さん。出撃を一カ月後に控えた一九四五年三月、銚子飛行場から移動した壬生飛行場（栃木県）で伍井大尉ら第二三振武隊の面々を間近で見ていた栄養士だった。手紙は出撃後、特攻で夫を亡くした園子さんに宛てたもので、部下たちを思う伍井大尉の胸中を伝える思いがけないエピソードを伝えていた。

「伍井大尉どのと前田少尉どのがよく口論していましたこと、前田少尉どのが『俺が陸軍大臣か何かで命令を出せるんだったら、子供の居る人は特攻なんか入れないんだがねー。どんなことでもして子供のために生きてもらうよ。済まないことだ。申し訳ないよ』。そう申

長女満智子さん（1歳）と伍井芳夫大尉。大阪に転勤した当時の住まいには伍井大尉が転落防止の柵を作った（臼田智子さん提供）

しますと伍井大尉どのは『俺たちこそもう人生の楽しみを味わってきたし、俺の後を継ぐ者も居る。俺の志を受けて、国のために尽くしてくれる、それを思うと心強い。おまえたちこそ生かしてこれから国のために働いてもらいたい。人生の楽しみも味わってもらいたい』『そうだ』『そうでない』。随分そう云い合っていらっしゃいました」（臼田さん著「特攻隊長　伍井芳夫」から）

教え子たちと運命を共にする生き方を選んだ指導教官像が思い浮かぶ。それは、「国家のために」と若者たちに死を強要した戦争指導者たちが語る「本人の志願」と言えるものではないだろう。

この四カ月前、伍井大尉には「俺の後を継ぐ者」となる待望の長男が誕生。生後間もない長男に宛てた遺書も残されている。

「芳則に一筆遺す　父は大東亜戦争の五年目の春　名誉ある特別攻撃隊第二十三振武隊長として散華す　お前達の成長を見ずして去るは残念なるも、悠久の大義に生きて見守っている　良くお母さんの謂い付を守って勉強して日本男子として　陛下の御子として立派に成人して下さい　将来大きくなって何を志望しても良し　唯父の子として他に恥ざる様進みなさい　お母さんには大変な苦労を掛けて頂いたのです　御恩を忘ず立派な人となって孝行せねばいけません　体を充分鍛えて心身共に健全なるべし　昭和二十年三月九日　父より　芳則殿」（原文はひらがな部分が片仮名）

手紙の冒頭には「物ノ道理ガ解ル年頃ニナッテカラ知ラセヨ」とあるが、出撃のショックで園子さんの母乳が出なくなってしまい、長男は生後八カ月で病死した。

伍井大尉は出撃（四月一日）の一週間前に帰省した後も、妻園子さんに手紙を書き続けた。

「計らずも最后の御別れが出来てうれしく思います」「任務に笑って邁進出来ます」「お体大切に子供達を頼みます」（三月二十七日）「後をしっかり頼む。子供を丈夫に育ててくれ」（同二十八日）

最後の手紙の三日後、伍井大尉は特攻の出撃基地・知覧（現鹿児島県南九州市）を部下たちと飛び立った。

4 消耗品扱い　戦法に抵抗感

特攻隊員の操縦を指導する教官でありながら、父伍井芳夫大尉はなぜ、特攻に向かったのか。戦後、将官、佐官の高級将校たちは「志願だった」と主張し、私が取材した生き残った隊員の半数強は「命令だった」と語った。若者たちを指導する立場にいた伍井大尉は、どのような心情で任務に赴いたのか。

「偵察、戦闘、軽爆の部隊に所属した経歴もある操縦のベテランで、本来は特攻に行くような人ではなかった」

父の軌跡を追い続けてきた次女の臼田智子さんは戦友たちからそう聞かされた。父の生い立ちをさかのぼると、そこに見えてきたのは飛行機に魅せられ、飛行兵として操縦技術を磨き続けた人生だった。

明治末年の一九一二年に生まれた伍井芳夫少年は、中学（現在の高校）を卒業後、飛行兵を志願して飛行第五連隊に入隊。飛行学校を修了後、防空部隊に配属され、三十歳で後進の指導のため熊谷飛行学校桶川分教場（埼玉県）の教官に就いた。すでに熟練の操縦者で、特攻に選別される基準からは外れていたとみられる。

臼田さんは戦後、人づてに「伍井さんは特攻作戦に反対だった」と聞いた。熟練者であるほど、人を消耗品扱いする特攻に強い抵抗を持つのは当然だった。すでに本書でも紹介したが、佐々木友次伍長は、度重なる自爆命令を無視して何度も帰還し、大型船を撃沈させて戻ったこともあった。隊長の岩本益臣大尉が爆弾を切り離せるように改装し「何度でも帰ってこい」と伝えていた。操縦の腕に自信がある熟練者の間に作戦への根深い反発があったことをうかがわせた。

佐々木さんは生前、私に「特攻は完全な命令。そもそも志願するかどうかも聞かれませんでした」と証言した。

海軍で初期に特攻死した関行男大尉（一九二一～四四年）も熟練パイロットだった。特攻後、新聞は「神風」「必死必中」と騒ぎたて、特攻に向かわせた側は「志願」を吹聴した。だが、その胸中は国家への忠誠どころか、技能者を消耗品扱いする愚かさへの深い失望と、破滅の道をたどる国への絶望だった。

報道班員の小野田政さんが戦後になってつづった回想録「神風特攻隊出撃の日」（今日の話題社、一九七一年）には関大尉が出撃の直前に打ち明けた本音が赤裸々に書かれている。本書第2章「3　技術・人材　ないがしろ」で紹介したその内容を再掲しておきたい。

「報道班員、日本もおしまいだよ。ぼくのような優秀なパイロットを殺すなんて。ぼくなら体当たりせずとも敵母艦の飛行甲板に五十番（五百キロ爆弾）を命中させる自信がある」「ぼくは天皇陛下のためとか、日本帝国のためとかで行くんじゃない。最愛のKA（海軍用語で妻のこと）のために行くんだ。最愛の者のために死ぬ。どうだすばらしいだろう！」

関大尉は新婚六カ月目。「海軍兵学校出身者が指揮を執らないと、士気は上がらない」という理由で、隊長に指名されており、明白な命令。「志願」と伝えた報道は事実ではない。

伍井大尉は出撃の四カ月前、特攻に向かう学徒出身の飛行兵らの訓練をしていた。その様子を知る人たちから聞き取った内容を、臼田さんは著書にこう記している。

「関係者の話によると、当時、下志津、銚子飛行場は、敵艦めがけて突っ込む訓練を繰り返し行う操縦者でいっぱいだった。下志津の訓練はもっぱら急降下と海面すれすれの超低空飛行だった。毎朝、十二機で飛び立って三機ずつ編隊を組み、利根川河口の灯台を敵艦に見立てての突入訓練だった。高度三千メートルから三十度の角度で思いっきりエンジ

埼玉県桶川市の桶川飛行学校平和祈念館に展示されている伍井芳夫大尉を紹介するパネル

ンをふかして突っ込む。すると、海面近くで時速約四百キロのスピードが出た。機首を立て直す時機を誤ると海面に激突して即死する」

教え子への情に厚い伍井大尉は、特攻出撃を覚悟せざるを得ない状況にあった。臼田さんは言う。

「父は最後まで任務（＝命令）だと思って特攻隊に行ったのではないかと思います。教官として『教え子たちだけというわけにはいかない』という気持ちと、納得できない戦法に対する上層部への当てつけだったようにも感じます」

思慮なき戦争指導者たちの保身の作戦でもあった特攻。伍井大尉は、その犠牲になった類いまれな操縦技術者の一人でもあった。

5　本心語れない無言の圧力

特攻隊員たちの指導教官だった伍井芳夫大尉が隊長として率いた第二三振武隊には、生き残った隊員がいた。その人、岡本龍一元准尉（一九一四〜二〇一五年）は出撃後、燃料タンクの不良で徳之島（鹿児島県、奄美群島）に不時着して負傷し、特攻作戦に合流できないまま生還した。

伍井大尉の次女臼田智子さんによると、岡本元准尉は戦後長い間、戦友との交渉を絶っていたという。母園子さんは一九八二年、特攻隊が出撃した地・知覧を訪れた際に会った。その時の様子を臼田さんは母からこう聞いている。

岡本元准尉の口から出たのは謝罪の言葉。「隊長の奥さん、生きて帰ってすみません」。園子さんが答えた。「生きていてよかった。皆さまの分まで生きてください」。帰宅後、臼田さんに繰り返し「岡本さんにそう言えてよかった」と話した。「まるで三十七年間胸につかえていた複雑な思い、心の葛藤が取れたかのようだった」と臼田さんは振り返る。

夫と同じ隊に生存者がいたことは、それだけ「夫にも生きていてほしかった」という思いを募らせる。岡本元准尉の「すみません」はそんな申し訳なさから出た言葉だった。

臼田さんによると、岡本元准尉は特攻が志願だったかどうか、という問題についてこう話した。

「いろいろ言われているが、少なくとも私の知る限り、志願じゃあ、ありませんよ。誰が選抜したのかはわからないが、強制的なもの」

「強制的なもの」とは、命令はなくとも選択肢がない、ということだろう。拒否ができない軍上層部の無言の圧力。選択肢を奪われた若者たちが、運命として受け入れざるを得ない状況に追い込まれていった。

その状況は、働き方改革が声高に叫ばれてもなお、過労死が続発する現代とも重なる。本来の業務時間では不可能なノルマは無言の圧力となって、末端の社員が違法な長時間労働を余儀なくされる。結果として自発的な残業に追い込まれていく状況は、特攻の志願とよく似ている。名だたる大企業で続発する検査データの改ざんや不正経理も、命令者は不明確なケースが多い。

園子さんが夫の特攻を知ったのは、出撃の直前。届いた小荷物を開くと「父之聲　陸軍特別攻撃隊　陸軍大尉伍井芳夫」の文字が現れ、こう書かれていた。

「贈　満智子　智子　芳則　殿　昭和二十年三月十五日　大東亜戦争五年目ノ春　昭和

1945年3月25日、伍井芳夫大尉と妻園子さんとの最後の別れ。1週間後に出撃した（臼田智子さん提供）

二十年三月　陸軍特別攻撃隊トシテ父ハ征ク　第二十三振武隊長　伍井芳夫　大和魂」

三人の幼子を持つ父親が、特攻を受け入れるまでに苦悩がないはずはない。だが、身内にも本心を語ることはできなかった。強烈な同調圧力の中で、人は語る言葉を失う。それは今も同じだ。現代の組織で不正を強いられたり、長時間労働で過労死に至る当事者の多くも家族に打ち明けるケースはまれだ。

出撃の一週間前、伍井大尉は最後の別れのため、埼玉県内の自宅に帰った。知覧に旅立つ前、玄関先で見送った園子さんは「この非常時、お国のためなら当然のことです。三人の子供の成長を楽しみに生きていきます。しっかりと育てていきます。心置きなく、出発してくださいと言って見送ったという。心の中で「三人の子供を残して行かないで」と叫んだが、声にならなかった。

「武運をお祈りします」

「それでは任務にまい進いたします」

それが夫婦の別れ際の会話だった。

母からそう聞かされた臼田さんは言う。

「父は手紙にも『任務』と書いた。それは『命令』ということだと思っている。そう伝えたくて、あえて『任務』という言葉を使ったんだろうから」

戦後、園子さんは知覧を訪れ、そこで夫が出撃前に書いた色紙を初めて見た。色紙には「人世の総決算　何も謂ふこと無し　伍井大尉」と書かれていた。園子さんは「主人のあきらめきった心境が、にじみでているようでたまらない」と涙ながらに臼田さんに語ったという。

「上層部が『志願』と言うのは逃げでしょう。命令だったとは絶対に避けなくてはならず、あくまで志願だったことにしたかったということだと思います」

命令できないことを強行させる。行き詰まった状況で合理的な打開策を示せず、責任を末端に押しつけ、不条理を「無言の圧力」で強いる者たちが守っているのは国でも組織でもなく、自分でしかない。

その結果、かつての国が破滅したように、いま、文書改ざんや接待疑惑が続発する中央省庁、過労死や不正が続発する日本の大企業はこの国の斜陽を象徴し、それはすでに目を覆うばかりとなっている。

6　権力者の「無自覚」露呈

本人としては何げなく言ったつもりの言葉が思わぬ反発を招く。戦後、伍井芳夫大尉の自宅に慰霊に訪れた菅原道大元中将（伍井大尉が所属した第六航空軍司令官）も、そんな状況だったのだろうか。

「どうしてこのように小さなお子様がいて、なぜご主人は特攻に行ったのでしょう」

それが愚問だったことは言うまでもない。だが、なぜ、そのような愚問を発したのか。夫を亡くした園子さんが「あなたさまは…」と大きな声で抗議の言葉をのみ込むと、菅原元司令官が「ハッとした」表情になったのは、なぜか。当時、中学生でその場にいた次女の臼田智子さんに「園子さんの怒りに触れて、本当は志願ではなく任務だと気づいたのでは」と聞いてみると「いや、そういう感じではなくて」と、少し拍子抜けするような答えが返ってきた。

「菅原さんはそれまで弔問してきた他の家庭のように歓迎されると思って来たんだと思います。母も最初は冷静にお迎えしてましたから。それが、突然、母のあのような対応を見て、とっさにそう反応しただけでは。そもそも『こんな小さなお子さんがいるのに』という言葉も、私が母の隣にいたから、思わず言ったように感じた。深く考えていなかったと思います」

相手の心の傷や痛みに気づかないからこそ、不用意な言葉が口を突いて出る。その言葉は時に怒りの感情を呼び起こすこともある。

「あの時は母にとってようやく生活に自信がついた時。菅原さんは慰霊のつもりで来たんだろうけど、母にとっては走馬灯のように当時の体験を思い出したのかもしれない。怒りがわいたと思います。『小さい子がいるのに、あなたが命令したんでしょう?』と」

園子さんは娘たちに何度も「特攻隊員は妻や子どもはいないのが前提になっているけど、私みたいな人もいるのよ」とも話していたという。

理不尽な作戦によって夫を亡くした園子さんの心の傷は深かった。臼田さんが姉と自分に宛てた父の遺書があることを知ったのは、母の死後、遺品を整理していた時だった。出撃前に父が教官として指導していた基地の訓練を描いた戦時中の映画「乙女のゐる基地」のことも知っていながら話さなかった。

「遺書は、私や姉に『今さらこんなの見せられても』と言われたら、どうしようと思ったのかな。亡くなった子(出撃三カ月後に八カ月で病死した弟)のこともあって、もう忘れたかったのかも。映画のことも自分の心に閉じ込めていたのでは。戦後に育った私たちには分かってもらえないと思ったのかもしれない」

その後、園子さんは夫が命を落とした沖縄を訪れた。慰霊から戻ると、臼田さんに何度も「間に合わなかった」と繰り返した。その言葉に込めた無念の思いを臼田さんはこう解釈した。

「父が出撃した四月一日には、もう沖縄に米軍が上陸していた。やっぱり上陸阻止できず、遅かったか、と。母には『特攻に行く必要がなかった』と言われることが何よりつらい。上陸前に間に合わなかったことを知って『何のために行ったんだろう』と思い、さらには『何のための戦争だったんだろう』と思ったのかもしれない」

戦後、将官、佐官級の将校たちが特攻を「志願だった」と主張した。理不尽な作戦を強いた側には、それを強いられた本人、家族が背負わされた苦しみに思いが至らない。特権や権限を持つ側が、不公正、不平等を強いられている人たちの苦しみに無自覚なのは、今の時代も変わらない。臼田さんは言う。

「母は遺族という当事者でもあったから、『神風』などと特攻隊を美化するような風潮に敏感だった。『戦争を美化してはいけない、戦争はあってはいけない、未来でも平和が続いてほしい』という強い思いを持っていた」

戦後、小学校の教師になった母が子どもたちに「戦争なんて、そんなかっこいいもんじゃない」と叱った

著書を手に父伍井芳夫大尉への思いを語る臼田智子さん＝埼玉県内で

話も本人から聞いたことがあるという。

「特攻は志願でも、あがめるものでもなく、つらい任務。（亡くなった隊員は）神様ではなく人間」

園子さんが娘にそう語り続けたのは晩年のこと。当たり前のことさえ遺族が口にしにくい空気が戦後もこの国を覆い続けたからだ。

組織のトップの責任があいまいにされ、個人を不当な自己責任論で追い詰める現代の風潮は、特攻を「志願」と言い続けた戦争責任者側の論理とどこか似ている。戦後七十六年の現代に生きる私たちと、おそらく無縁ではない。

6
司令官の戦後

なぜ、自決によって責任を果たす道を選ばなかったのか。また、自決した指導者たちもそれによって責任を果たしたことになるといえるのか。そもそもこの国で「トップが責任を負う」「責任を果たす」とはどういうことか。菅原道大元司令官（一八八八〜一九八三年）の戦中、戦後を検証しつつ、考えたい。

1　トップの責任　うやむや

あれは二〇〇七年のこと。ひと昔以上も昔の話だが、それでも特攻を研究してきた私にとって、忘れがたい言葉として今も記憶に刻み込まれている。

「おやじは責任をとって戦後すぐの時に潔く自決すべきだったんじゃないかと思うんだよね。以前、兄とも話したんだが、そこは兄弟、同意見だったんだ」

そう言ったのは菅原道熙（みちひろ）さん（一九二八～二〇一二年）。特攻隊が出撃した陸軍第六航空軍のトップだった菅原道大元司令官の三男で、父の遺志を継いで戦死した特攻隊員を慰霊、顕彰する「特攻隊戦没者慰霊平和祈念協会」（現特攻隊戦没者慰霊顕彰会）の理事長を晩年、務めていた。

菅原元司令官には三人の息子があった。長男の菅原道紀元陸軍大尉（一九二二～四六年）は特攻が始まったころ、元司令官が隊に加えようとしたが周囲に「売名行為と取られる」と制止された。長男は中国戦線で患ったマラリアと、終戦後の両親との極貧生活で体をこわし二十四歳で死去。死に際に「私が死ぬとご両親は少しは肩身が広げられますね」との言葉をのこしたという。

母方の姓を継いだ次男の深堀道義さん（一九二六～二〇〇九年）は終戦時、海軍兵学校の最上級生、三男の道熙さんは陸軍士官学校在学中だった。その後、兄弟は父の遺志を継いで同協会を支えたが、一方で数多くの隊員を特攻で死なせた元司令官としての父の責任の取り方については、ともに軍に携わった者として二人とも違和感を持ち続けていたのだ。

道熙さんが「自決すべきだった」と考える理由は明白だった。

「『後から自分も行く』と言って特攻隊員を送り出した以上はね。まあ、トップの言葉はそれだけ責任が重いというわけだ」

旧日本軍では陸軍と海軍それぞれに航空部隊があり、いずれも特攻隊を出撃させた。特攻に関わった指導者たちの責任の取り方はさまざまだった。

海軍では、フィリピンで特攻を始めた当時の第一航空艦隊司令長官で、終戦時は軍令部次長になっていた大西瀧治郎中将（一八九一～一九四五年）が終戦翌日に切腹した。主に

戦後、年に数回開かれた第六航空軍のOB会に参加した菅原道大元司令官（右から3人目でつえを持つ人物）。中央の中腰の人は倉沢清忠元参謀（記録作家・林えいだい記念ありらん文庫資料室提供）

沖縄戦を主導した第五航空艦隊司令長官の宇垣纏中将（一八九〇～一九四五年）は、玉音放送の直後に部下とともに出撃して死亡した。これは、命令に基づかない出撃だったため「私兵特攻」と呼ばれる。

一方の陸軍では、フィリピンの特攻を指揮した第四航空軍司令官の富永恭次中将（一八九二～一九六〇年）は「最後の一機で必ず自分も後を追う」と訓示しながら戦況が危うくなった一九四五（昭和二十）年一月、台湾に逃れ「敵前逃亡」と非難された。その後、終戦直前に満州（現中国東北部）に赴任し、敗戦でソ連軍にシベリアに抑留された後、五五年に帰国したが、特攻について多くを語ることなく、六十八歳で他界した。

沖縄戦を担当した第六航空軍司令官の菅原中将も「おまえたちだけを死なせはしない。最後の一機で俺が必ず行く」と訓示しながら生き残った。本人の日記によると、実際に自ら出撃する飛行機の準備もしていたようだが、玉音放送後は戦後処理を優先するうちに自決のタイミングを失い、自らの使命を隊員の慰霊と顕彰に置き換えた。

戦後は私財をなげうち、極貧の生活の中で「特攻隊戦没者慰霊平和祈念協会」の母体となった「特攻平和観音奉賛会」の設立に尽くしたが、九十五歳の天寿を全うするまで「特攻隊は志願だった」と言い続けた。教官の身ながら特攻に赴いた伍井芳夫大尉（一九一二～四五年）の遺族を弔問した際には「小さなお子様がいて、なぜご主人は特攻に」と口にし、夫人が「あなたさまは…」と声を荒らげる場面もあった。

特攻を「志願」と公言し続けたことは「自らを正当化しようとしたのではないか」と生き残った隊員たちの反発を招いた。

私が取材した元特攻隊員の牧甫（はじめ）さん（一九二一～二〇〇六年）は「ヤツは本当につまらん男ですな。『自分も後から続く』なんて言っておきながら九十五歳までのうのうと生きて」と嫌悪感をあからさまにした。その一方で、菅原司令官の部下で帰還隊員を収容した振武寮（福岡市）では鬼参謀と恐れられた倉沢清忠参謀（一九一七～二〇〇三年）について「参謀の中でも下っ端で、仕事を押しつけられている感じ。かわいそうだった」と振り返り、こう続けた。

「寮での食事中に倉沢参謀が『あの連中はだめだ。日露戦争の時代の発想のままで、近代の航空戦では時代遅れだ。これからは若い者がもっと頑張らないといけない』と（司令官らを）批判していたからね」

牧さんの証言は終戦末期には陸軍上層部への批判がくすぶり、終戦後には生き残った隊員たちの元司令官への怒りが増幅したことを浮き彫りにした。

2　主張し続けた「志願」

「おやじは責任を取って潔く自決すべきだった」

特攻隊が出撃した陸軍第六航空軍のトップだった菅原道大元司令官の三男、道煕さんは生前、私にそう言い残した。父親に対する厳しい言葉は、多くの若者たちを死に追いやった司令官の責任の重さを示していた。

菅原元司令官の日記には、自決を迷う苦悩が克明に残されており、責任に無自覚だったわけではない。だが「特攻は志願だった」と言い続けたことは、責任回避の態度として生き残った隊員や遺族の怒りを買った。象徴的な出来事が、前章で伝えた、教官の身ながら特攻に赴いた伍井芳夫大尉の遺族を弔問した場面でのことだった。

終戦から十年後、園子夫人（一九一八～八七年）を前に「どうしてこのように小さなお子様がいて、なぜご主人は特攻に行ったのでしょう」と口にし、園子夫人が「あなたさまは…」と声を荒らげた。当時中学生で園子さんの横にいた次女臼田智子さん（79）は「菅原さんはハッとして沈黙した」と話した。志願と決め付けた自分の失言を悟って慌てた、と私は受け止めたが、臼田さんは「そこまで深く考えているようには見えなかった」と言った。

その通りだった。菅原元司令官が残した「特攻作戦の指揮に任じたる軍司令官としての回想」（一九六九年）に次のくだりを見つけたとき、私は驚いた。

「特攻は若き独身者と云ふのが通り相場であるが、予をして感泣せしめた少候出身の伍井芳夫中尉（原文のまま）の家庭の如きもある。即ち左の和歌をものした。『幼児を　三人遺して　特攻を　のぞみ征きにし　心に哭かゆ』」

文書は伍井家の弔問から十四年後。遺族の反発を目の当たりにしながら、それでも「志願だった」と言い続けている。文章にある短歌の下の句を「哭かゆ＝泣く」と結んでいるのは、そう解釈するしかない。

菅原元司令官は戦後、一貫して「特攻は志願だった」と主張し続けた。太平洋戦争に従軍した戦記作家の高木俊朗氏（一九〇八〜九八年）は著書「特攻基地　知覧」（角川文庫、一九七三年）にこう書いている。

「特攻と志願の問題で、私は、元の第六航空軍司令官の菅原道大にもたずねた。（略）いくたびか会って話を聞いたが、いつも〝志願〟であることを強調した」。菅原元司令官から一九六一年に受け取った手紙にも「特攻は志願か、強制かが、よく問題視されておりますが、あくまでも志願であります。（略）極力、志願を根本としたことは、編成の面、陛下への上奏（＝説明）にも明らかであります」と書いてあったという。

高木氏は、菅原元司令官が「編成の面」「天皇への上奏」という二つの理由を持ち出していることに着目し、陸軍上層部が主張する「志願」とは、あくまで組織的な論理から導き出された表現にすぎない、とみてこう分析している。

「なぜ、このように〝志願〟を主張するのだろうか。その理由は、特攻隊の〝編成〟ということと関係があるようだ。服部卓四郎（元参謀本部作戦課長）の（著書大東亜戦争）全史でも『義烈の士（＝特攻隊員）は、個人として作戦軍に配属し、作戦軍は臨時に特攻隊を編成』したと書いている。つまり、現地部隊で勝手にしたことだ、というのである。これは、特攻隊も隊員も、天皇が裁可したものではないようにする必要があったからである。天皇の命令で、このような非道無法の作戦がおこなわれたのではないことにしようとしたのだ。それは、軍の首脳部も立案者も、体当り攻撃が無謀異常な戦法であることを、知っていたからである」

第三航空軍司令官から陸軍航空士官学校長に転任する際の菅原道大中将＝1943年5月1日、昭南海岸（現シンガポール）で（偕行社提供）

菅原元司令官の次男、深堀道義さんも著書「特攻の真実」（二〇〇一年）で、同じような指摘をしている。

「もし父が『命令でした』と言えば、上官の命はすなわち朕（ちん）の命であり、体当りを天皇が命じられたことになる。天皇に責任を及ぼしてはならない、ゆえに『志願でありました』と言い通したのではなかったのではない

だろうか」（原文のまま）

私が取材した二十五人の特攻隊員の七、八人は「命令だった」と明言した（志願と答えた人もほぼ同数）。資料にも同様の証言は数多い。特攻隊の「編成」と天皇への「上奏」によって、それを「志願」にすり替えるどのようなカラクリがあったのか。菅原元司令官が残した詳細な日記には、責任者の当事者意識があいまいになっていくヒントが隠されていた。

3　自決の選択　迷いに迷う

志願か命令かをあいまいにすることで決定のプロセスを不透明にし、責任もうやむやにされた特攻。その構図はどのようなものか。昨今のこの国で組織のトップに見られる責任回避の体質につながっていくのか。検証を進める。

特攻隊が出撃した陸軍第六航空軍のトップだった菅原道大元司令官は「自分も後に続く」と訓示しながら、なぜ自決しなかったのか、そして、なぜ「特攻隊員は志願だった」と戦後、言い続けたのか。その理由をたどると、菅原元司令官が責任をとって自決するかどうかをためらうプロセスにヒントが隠されていた。

割腹自決した海軍の大西瀧治郎中将との決定的な違いは、決定に関与した度合いの違い、つまり当事者意識の濃淡に行き着く。

菅原元司令官は、戦後に書き残した「特攻作戦の指揮に任じたる軍司令官としての回想」に、隊員たちに語った訓示の内容を書いている。

「（一）お国の為(ため)だ思ふ存分働いてくれ（二）我等(われら)も後に継(つづ)く否一億の国民も（三）目的達成の最後までいのちを大事にして諦めるな——の三項を述べて訣別(けつべつ)の辞とした。引導を渡すつもりではないが後に継く者あると信じて安心して征(い)くことを祈願したのだ。然(しか)しそれすら舌が縺(も)つれて声にならない。一寸(ちょっと)心を緩めると涙が溢(あふ)れるので、不吉の涙を抑えるのに自ら冷血動物たるに努力した。この分秒の時間が最も長く感じ最も苦痛なひと時であった」

形式的な訓示といえども「後に続く」と繰り返したことは動かぬ事実となった。一九四五年八月十五日、玉音放送が流れると、軍全体が浮足立ち、菅原元司令官も責任の取り方をめぐって心ここにあらずの状況に陥っていった。同日の日記の記述をたどってみる。

「三好少将より阿南陸相責任自刃の報を受く。『アアしてやられた』との念湧く。陸相よくやって下さったとの感謝の念も湧く。然しまた、何故(なぜ)もう少し戦後処理の緒を就けられざりしや、多少過早の譏(そしり)なきやとの感も湧く。然し結局は早い方が勝ちなりなど、功利的な考(え)をも生ず」

沖縄の飛行場に強行着陸して攻撃する「義烈空挺隊」の出撃を前に、隊員に軍刀を渡す第六航空軍司令官の菅原道大中将（右）＝1945年5月23日、熊本県の健軍飛行場で（記録作家・林えいだい記念ありらん文庫資料室提供）

「回想」の方では海軍の第五航空艦隊司令長官、宇垣纏中将が出撃したと知り、動揺が大きくなったことも告白している。

「宇垣海軍中将が沖縄に最後の突入を決行せんとし部下に空中よりする訣別放送の傍受信を聴取した時にはさすがにショックであった。全く予期しなかったことながら一瞬〝してやられた〟と感じたのは事実であった」

同日の日記の続きに戻る。

「予（よ）は只（ただ）命を惜（おし）めりと考へらるる事を苦痛とす」

このくだりは、自決をしないことで軍人としての体面を汚すことを何よりも恐れる司令官としての心情を表している。そして、迷いに迷う様子がつづられる。

「先刻三好少将から阿南陸相自決の談ありたる際、予等も事の大小はあれ責任を免れず、戦争犯罪人として敵が捕へに来るならんと申したるに、『捕へられてもよいではないか』との少将の述懐なりき」

このくだりでは、四一年に当時の東条英機陸相が通達した戦陣訓「生きて虜囚の辱めを受けず」を意識してか、戦犯として捕らわれの身となることへの心配も垣間見える。

時間が過ぎていく中で、菅原元司令官は終戦処理の任務を優先するべきだとの方向に傾くとともに、自決する場合の五つのシナリオをこう書き記した。

「単に死を急ぐは、決して男子の取るべき態度にあらず。任務完遂こそ、平戦時を問はず吾人（ごじん）（＝自分）の金科玉条なれ。
然らば自決の期は、
1、九州を去る時
2、軍司令官罷免の時（軍司令部復員の時）
3、敵の捕手、身辺に来る直前
4、軍内の統制つかず、曠職（こうしょく）（職務の務めを果たせないこと）の責を自覚せる時
5、精神的苦痛に堪へず、進んで自決を選ぶ時」

玉音放送後はずっと日記を書き続けていたのではないか、と思えるほど、刻一刻と移ろう自決への迷いを書き続けた。司令官として自決をすべきではないか、という体面上の考えの一方で、責任を果たす、という視点からはむしろ、終戦処理に責任を持つべきだと自問する様子がうかがえる。

なぜ、特攻を指揮した責任が自決に直結しなかったのか。海軍の大西中将は特攻を主導したことを自他共に認め、死をもって部下と遺族にわびるとして、割腹自決した。しかし、菅原元司令官には大西中将のように作戦を主導した認識は希薄だった、とみられる。

菅原元司令官は晩年、三男の道熙さんに決定的な証言を残していた。道熙さんが「なぜか気になってね」と私に明かしたその証言は、重大な決定を不透明にするこの国の組織のメカニズムにかかわる内容だった。

4　つぶやきの〝真相〟闇に

特攻の研究を続けてきた私にとって、その言葉は今も〝なぞ〟として引っ掛かっている。

「そういえば晩年、ふとおやじが『航空本部の次長になった時は、もう特攻が決まってい た』なんて漏らしてたんだよな」

特攻隊が出撃した陸軍第六航空軍のトップだった菅原道大元司令官の三男で、特攻隊戦没者慰霊平和祈念協会理事長だった道熙さんが生前、私に語った言葉だ。

元司令官が特攻作戦にどう関与したかにかかわることだったため、すぐに問い返した。

「それは理事長（道熙さん）の方から聞いたのですか。それとも、お父さまが伝えたくておっしゃったのでしょうか」

道熙さんは言った。

「おやじからポロッと漏らしたんだ。自分もそれ以上聞かなかったんだけど、今になってみて、それが妙に気になってね」

その言葉の奥に隠されていたかもしれない〝真相〟に道熙さんが迫ることはなかった。親子であっても戦時中の生々しい話に踏み込むことは難しかったようだ。父の没後も道熙さんと協会の行事を裏方で支え続けた次男の深堀道義さんも著書にこう書き残している。

「兄が戦地での疲れが因（もと）で病死し、それから両親と私と弟との戦後生活が続いたが、戦時中のこと、特に戦争に関することは、お互に話をしなかった。特攻隊について何か話が及べば、当然海軍の大西中将や宇垣中将のことが出てくる。そうするとなぜ父は自決しなかったのかということになる。何かの話のはずみで、子供がそう思うのならば俺は腹を切る。介錯せよ。というようなことにならないとも限らない。私はそのようなことも恐れていた。そしてとうとう父の心境を聞くということはなかった」

旧日本軍には空軍がなかった。特攻は海軍と陸軍それぞれにある航空兵力を動員して行った。先行したのは海軍で、陸軍はその対抗意識から追随した、とも言われている。

海軍で最初に特攻を行った第一航空艦隊司令長官の大西瀧治郎中将は玉音放送が流れた翌日の一九四五年八月十六日、官舎で割腹自決した。沖縄戦を主導した第五航空艦隊司令長官の宇垣纏中将は玉音放送の直後に部下と出撃して死亡し、注目された。

一方の陸軍は、特攻を行った第四航空軍司令官の富永恭次中将、菅原司令官とも「必ず後に続く」と言って隊員たちを送り出しながら戦後を生き、遺族や生き残った隊員たちの非難を受けた。

自決をめぐる判断の違いは、特攻という無謀な作戦の決定にどう関わったのか、という「当事者意識」の違いも少なからずあったように思われる。

海軍の特攻は大西中将が主導したことが明白だった。四三年六月に後輩からの提案を受け、一度は「まだその時期ではない」と受け入れなかった。しかし、戦況が悪化するにつれ戦法としての「体当たり」の必要性を公言するようになり四四年十月、第一航空艦隊司令長官に着任するとその月のうちに自分の部隊で特攻隊を編成し、実行に移している。

主導した人物が自分の部隊で実行し、終戦という形で幕が下りると自決。それも封建時代の武士さながらの割腹という作法だったこともあり、わかりやすさと潔さが納得されやすかった一方で、海軍という組織としての責任はうやむやになった。特攻は大西中将が勝手にやったわけではない。数カ月に及ぶ作戦を認めたさらなる上層の責任も問われてしかるべきだった。

海軍に後れを取った陸軍の組織決定は、いつ、どこで、誰が決めたのか、意思決定のプロセスが不透明であいまいにされ、記録もほとんど残されていな

菅原道大元司令官らが寄付金を募って建立された知覧特攻平和観音堂では、毎年慰霊祭が開かれている＝2019年5月3日、鹿児島県南九州市で

い。戦況が悪化しながら打開策が見つからず、組織の上層部が追い込まれていく中で存在したはずの「命令」は若者たちの「志願」にすり替えられていった。

組織全体の責任もあいまいになった。その結果、戦闘組織の現場のトップとして士気を鼓舞するために訓示した「必ず後に続く」という司令官の言葉が特攻の責任を取るべき理由として、戦後も尾を引くことになった。

だが、司令官は現場の実行部隊の責任者であって、最終的な陸軍組織全体の責任を問われるべき政治的な立場としてのトップではない。敗戦の色濃い中で、失われるべきではなかった何千人もの若者の命に対しての責任は、沖縄戦や本土の民間人に被害を拡大させた責任とともに、あいまいにされていった。

菅原元司令官が残した回想録「特攻作戦の指揮に任じたる軍司令官としての回想」にはこうある。

「何の因果でかゝる場面に巡り合は（わ）したかと、愚痴の一つも言いたくなるのが偽らぬ真情である」

記録作家の執念

7

1　遺稿に込めた反戦の思い

知覧（現鹿児島県南九州市）と満州で二度にわたり、特攻の出撃命令を受けながら、生き残った隊員がいる。

陸軍伍長だった群馬県高崎市の関口文雄さん（旧姓桜井、一九二六～二〇二〇年）。特攻隊員の収容施設だった福岡市の振武寮から満州に戻された後、出撃直前、終戦で中止になった。

戦後は長く防衛省に勤務し、多くを語らなかった関口さんから証言を聞き出したのは、公害や朝鮮人強制連行、特攻など、語られてこなかった社会問題に焦点を当て、六十冊近い著書がある記録作家の林えいだいさん（本名林栄代、一九三三～二〇一七年）。この章では、特攻の研究にかけた林さんが、晩年に取り組み、果たせなかった関口さんへのインタビューの書籍化の経緯をたどりながら、希代の記録作家と、関口さんの特攻への思いを解き明かしたい。

二〇一六年公開のドキュメンタリー映画「抗い　記録作家　林えいだい」で紹介されているように、林さんの原点は、福岡県採銅所村（現香春町）の神主だった父寅治さんの存在にあった。

寅治さんは戦時中の一九四三（昭和十八）年、地元筑豊地区の炭鉱から脱走した朝鮮人炭鉱作業員を匿（かくま）ったとして突然特別高等警察（特高）に連行された。拷問を受け戻ってきたが、四十八歳で亡くなった。火葬したのは、国民学校四年生の林さんだった。

林さんは生前、本紙の取材にこう話している。

「私は『国賊』『非国民』の子でした。戦争や、異国の地で犠牲になった人たちにこだわる理由です。いろいろなことを明らかにしないまま死んだ人たちは無念やろと思うんです。そう考えるとじっとしてられない。性分なんでしょうね」

治安維持の目的で思想まで取り締まる特高警察は、当時の権力の象徴だった。その権力に媚（こ）び、炭鉱作業員の存在を通報することもできたはず。それに逆らってまで自らの良心に従って意志を貫いた寅治さんの生きざまから、林さんは幼いながらも、人の命を奪うことさえできる権力の恐ろしさや、それへの抵抗は命がけであることを悟ったのではないだろうか。

こうした権力に媚びない姿勢は後年、目の前で起きている社会問題にどう向き合ったかに深く結びついていく。林さんは北九州市の職員だった三十代半ばの頃、北九州工業地帯の大気

「記録作家」として多くの足跡を残した林えいだいさん＝福岡県田川市で、2013年撮影（写真提供：共同通信社）

汚染問題を調査し、写真集を出版して告発。三十七歳で退職し、以降はフリーの「記録作家」として活動していく。父親とも関わりの深い朝鮮人強制連行などのテーマにも着手していく。当事者を訪ねては取材し、証言を得たうえで記録に書き起こしていく仕事だ。

林さんが特攻の調査を始めた時期は九〇年代の後半ごろと比較的遅い。二十年以上、林さんの活動を支援した林えいだい記念ありらん文庫資料室（福岡市中央区）の森川登美江室長(78)によると、林さんは「命をかけて特攻研究をやりたい」と語っていた。

林さんの少年時代と特攻を結びつけたエピソードが「特攻日誌」（土田昭二著・林えいだい編、東方出版、〇三年）にある。

「一九七〇年のこと、香春町の実家を取り壊して新築する際、廊下の壁紙にしていた新聞紙を剥ぐと、筆で大書した字が現れた。

〝我が国は神国なり　我れ少年特攻隊を志す〟

国民学校時代に自らが書いた字だった。

『少年特攻隊に志願するといい出したので私は驚いて、あわてて壁に新聞紙を張りつけて隠したんだ。一人息子のお前が特攻隊に行くなんて、あの時は心臓が止まりそうやった』と、母は壁の前に立って笑っていた。字を見ていると、母のその時の嘆きがわかるような気がした。

当時、同級生はみんな本気で特攻隊に志願するという雰囲気だった。戦争の終結がもう少し遅れていたら、私もきっと志願したであろうと身震いした。過去の自分の姿と、特攻隊の若者の姿が二重写しとなって胸をえぐる。その体験もあって、私は特攻隊に無関心ではおれないのだ」

林さんはこの時の記憶が忘れられず、戦争が風化する前に特攻秘話を伝えようと考えたのではないか。

関口さんの戦争体験記「命のしずく」を出版しようと、抗がん剤投与の影響による手先のしびれと闘いながら、原稿の下書きや取材メモを書き続けた。

最後は病気や運命への「抗い」の姿勢を見せた。

「権力に棄てられた民　忘れられた民の姿を　記録していくことが　私の使命である」

（映画「抗い」から）

「歴史の教訓に学ばない民族は　結局は自滅の道を歩むしかない」（同）

一見つながらない二つのフレーズだが、歴史の教訓を伝え、自滅の道をたどらないようにと思いを込めた作品は、道半ばで終わった。遺稿と取材メモから、物語を掘り起こしたい。

2　「散った命のため」重なる心

陸軍伍長だった関口文雄さんと記録作家の林えいだいさんが初めて面会したのは、二〇一三年八月三十一日。関口さんが八十七歳、林さんが七十九歳だった。

私は一九年三月、群馬県高崎市に関口さんを訪ね、その時の様子を聞かせてもらうとともに、林さんからの手紙を見せてもらった。

関口さんは、特攻隊員として満州から知覧に進出した後、飛行機の整備不良で出撃できず、生き残り特攻隊員の収容施設だった振武寮に入れられた。再び満州に戻された後、ウラジオストクを攻撃する特攻隊員として出撃命令を受けたが、出撃直前で玉音放送があり、中止になった。

その後、ソ連軍の捕虜となり、途中で列車から飛び降りて脱走したが、身を寄せた在留邦人宅でソ連軍に通報されて捕まり、シベリアに抑留されて一九四七年五月に帰国した――という波乱の人生を送った。

「すごい体験をした人がいる」。林さんは関口さんのことを知ると、周囲にこう語っていた。北九州市の知人を通じて関口さんの消息を知った。

林さんは面会後、大手術が待ち構えていた。

関口さんに面会前に宛てた手紙にこうある。「国家権力によって青春時代を棒に振った口惜しさを記録に残したいと思い、退院すれば、すぐに原稿用紙にペンでたたきつけたいです。（中略）つらい人生のことをお聞きすることは誠に失礼だと思いますが、このことを記録に残さないと僕は死に切れません」（原文のまま）

林さんはリンパ腺がんで言葉はわずかしか出ない。それでも取材を記録したカセットテープを聴くと、気力をしぼってささやくようにかすれた声で質問をひたすら続けていた。

関口さんは、戦争体験の話をしたことがほとんどない。防衛省職員だったとき、定年前に内部の人に少し話したぐらいだった。

「せめてあと五年早く出会えていたら、と言っていたね。とにかくしつこくて。でも一生懸命だったから、こっちもすっかり乗せられてその気になったんだ」

関口さんは特攻隊に、なぜ、志願したのか、私は率直に聞いた。

「戦争に負けたくなかったから。褒められたいというのもあった。十八、十九歳ぐらいの人間を特攻隊にするような教育もしていたし。一方で、

特攻隊時代の鉢巻きを手に、自身の体験を語る関口文雄さん＝群馬県高崎市の自宅で（2019年3月撮影）

特操（特別操縦見習士官、学徒出身者）ら、もう少し年齢が上で、世の中が分かってきた連中は嫌だったのでは。酒なんかよく飲んでいたし、おとなしかったから」

私が会ったとき、関口さんは九十二歳。記憶がだいぶ薄れていて思い描いたような答えは返ってこなかった。ただ、林さんのことになると、冗舌に語った。

ＲＫＢ毎日放送（福岡市）による二〇一八年三月のテレビ番組「記録者魂」で、水が地面にしたたり落ちるように散っていく特攻隊員たちの中で、しずくのようにわずかに残った関口さんの生きざまを「命のしずく」とたとえていた林さん。関口さんはかつての自分のように生への執着を見せる林さんの姿勢に圧倒され、絶大の信頼を寄せたようだった。

林さんは取材を録音したカセットテープを聴き直して取材メモに書き起こし、それを基に下書き原稿をまとめた。原稿やメモは林えいだい記念ありらん文庫資料室に所蔵されている。メモをひもといてみた。

「この特攻作戦ほどおろかな作戦はない。そこに今の防衛大出身のエリート幹部は気がついていない。あやまちは、二度と繰り返してはならないんですよ」

一番後悔していることは、と尋ねられ「一生懸命生きてきましたから後悔することはありません」とし、こう記されている。

「私の特攻隊、振武寮、敗戦、シベリア抑留という体験を聞こうとする人がこれまでいなかった。私が手記を書いて捨てたのは、誰も信じてはくれないと思ったから。あなたは、私と会って記録しようと思って群馬まで訪ねてきてくれた。私は運があったから生き永らえた。沖縄で突撃した仲間は死んでしまって、永遠に語ることはないから、かろうじて生き残った私が証言するしかない。私が語ることによって残るんですよ。でないと特攻の記録は消えてしまうんです」

沈黙を保ってきた関口さんが、林さんの執念の聞き取りにぐいぐい引っ張られ、多くを語る様子が浮かび上がる。四百枚にも及ぶメモには関口さんの戦争体験記「命のしずく」の出版化を諦めない不屈の闘志が伝わってきた。

3　病室で執筆　命尽きるまで

「現代の感覚では、特攻機に二百五十キロの爆弾を吊して、機もろとも敵艦に突入することなど考えられない。狂気の世界ですから」。鮮明に記憶をひもといて答える元陸軍伍長の関口文雄さん。こうも嘆いた。「自衛隊の幹部で、戦争中の特攻作戦を研究して昔の体験者に会って話を聞き、記録しようという人は聞いたことがない」

記録作家の林えいだいさんは二〇一三年夏～秋、計十時間以上の取材を終えた後、録音テープから取材メモを書き起こし、下書き原稿を作成していた。丸い文字で詰まったメモはB6サイズ四百枚に及んだ。

ドキュメンタリー映画「抗い　記録作家　林えいだい」の監督を務めた西嶋真司さん(65)は関口さんへの二回目の取材に同行していた。がんで声がほとんど出ないのに、取材するうちに声が大きくなった。気迫を感じた。

林さんはなぜ、戦争体験記「命のしずく」の書籍化に情熱を傾けたのか。西嶋さんは「特攻隊員から捕虜になり、脱走したものの在留邦人に裏切られ、シベリアに抑留された関口さんの人生を知らせたかったのだろう」と推し量った。

命令を出した側は誰も責任を取らない特攻の愚かさ、人間が人間を死に至らしめることに憤っていたという林さん。仲間が次々亡くなる中、関口さんに生への執念についてしつこく尋ねていた。

関口さんは、こう答えた。

「ソ連兵から殺されそうになったが間一髪で助かった。脱走の時もけがですんだ。ひょっとすると生きて帰国できるのではないかと考えるようになった。運がいいかどうかは紙一重の差。天が決めるのでしょう」

「これを書き上げるまでは死ねない」。林さんは亡くなる直前まで福岡県内の病院を転々としながら病室で原稿の下書きを書いていた。中に「命のしずく」もあった。家族に資料を病室に運んでもらい、資料を積み上げて原稿を広げていた。

林えいだい記念ありらん文庫資料室の森川登美江室長は二日に一度は見舞いに訪れた。「何とか完成させたいという気持ちが感じられた。亡くなる一年前ぐらいは手紙に『神さま、僕にもう少し命をくださいと祈りたい気持ちです』と書いていた。そんな状態でよくやるなと感心した」

一七年八月末、病室を訪ねると、林さんとの意思の疎通は難しくなっていた。九月死去。八十三歳だった。

残った原稿は百三十六枚。「ここで力尽きたのか。でも、出来は全然良くない。彼の文章にしては突っ込みが足りない。やっぱり病中の作なんだと思う」

林さんの原稿をいつも、森川さんが細かい表現などを赤字で修正していた。遺稿にも赤を入れた。「何らかの形で世に出してあげたかったから」。長年寄り添った仕事上の相棒として精いっぱいの気持ちを込めた。

翌一八年、林さんが信頼していた女性編集者から「遺稿を見せてほしい」と森川さんに連絡が来た。赤を入れ終えたものを送った。しばらくして電話で話し「これだけでは出しにくいので、何か考えましょう」という話になったが、結局それっきり。

無理をしたことで林さんの寿命を縮めたのか。「むしろ逆で書くことで延びたのでは。体はきつそうだったが本人にとって生きている証しは本を書くこと」と森川さんは言う。

林さんを突き動かした情熱は何だったのか。

「敵の機動部隊に体当たりをする、敵戦艦を自分がやっつけてやると、勇ましく死ぬことを名誉なことだと使命感に燃えた」と話したように、特攻隊に編成されて意気込んでいた関口さん。関東軍総司令官から鉢巻きをもらうなど、満州を出た当時、伍長としては破格の扱

林えいだいさんの思い出を語る森川登美江さん＝福岡市中央区の記録作家・林えいだい記念ありらん文庫資料室で

いだったのが、乗機の不調で飛行場から飛び立てず、振武寮を経て満州に戻るや、さげすまれたような態度を取られ、終戦直前、誰の指示か分からない形で再び特攻を命じられた。あれだけ大切にしてくれた関東軍はすでに去り、関口さんは置き去りにされた。

関口さんの境遇と、かつて林さんがのめり込んだ公害とで「棄民」の姿が重なったのではないか。

一度は鉄道から飛び降りて脱出を試みたが、在留邦人に裏切られて再びソ連軍の捕虜となってしまう境遇から、日本人にまで見捨てられた感がぬぐえない。軍神から棄民へ。この落差に、日本組織のご都合主義が垣間見える。

一九年に関口さんと会った際、笑みを浮かべ、「命のしずく」の出版をまだ期待しているような表情をしていたのが忘れられない。私は森川さんから所蔵されている遺稿やメモを全てコピーさせてもらい、書き起こした。次章ではその壮絶なドラマを抜粋して書いていきたい。

記録作家が遺したもの

知覧（現鹿児島県南九州市）と旧満州で二度にわたる特攻命令を受けながらシベリア抑留を経て生き残った関口文雄さん（旧姓桜井、一九二六〜二〇二〇年）を取材した記録作家の林えいだいさん（本名林栄代（しげのり）、一九三三〜二〇一七年）の遺稿「命のしずく」。少年飛行兵志願から最初の特攻の出撃断念で終わっている百三十六枚の原稿と、その後の振武寮での生活から満州、シベリア、そして復員後までを記す約四百枚の書き起こしメモが、林えいだい記念ありらん文庫資料室（福岡市中央区）に残されていた。本章ではその壮大な物語を掘り起こす。

（上）出撃果たせず

1　少年飛行兵「お国のため」

大刀洗陸軍飛行学校の生徒時代の関口文雄さん＝関口さん提供

二度、特攻の出撃命令を受けながら生き残った関口文雄さんは一九二六（大正十五）年六月、群馬県高崎市で六人きょうだいの末っ子として生まれた。入学した高崎工業学校（現群馬県立高崎工業高）は生徒の行動も言葉も軍隊式で、規律が厳しかった。天皇皇后の写真「御真影」や教育勅語を安置している奉安殿の前を通る時は必ず直立不動の姿勢で最敬礼をしなければならず、忘れて教師に見つかると、教室や職員室に呼ばれて殴られた。

太平洋戦争が激しくなると、街をはじめ、校内の掲示板に陸海軍の募集ポスターが張り出された。海軍の予科練習生、少年飛行兵、通信兵、戦車兵など軍服姿の勇ましい写真を見て、満州事変や日中戦争のさなかに多感な少年期を過ごし、軍国少年に育った関口さんの胸は躍り、志願したくなった。軍人を志したのにはもう一つ、理由があった。

「親族に、陸軍の操縦士出身で二等兵から叩き上げで中佐になった人がいた。家が貧しく、新聞配達をしながら高等小学校を卒業し、私の家で農業を手伝っていたが、二十歳で徴兵検査を受けて召集された。中国戦線で活躍し、中佐時代に大刀洗飛行場付属の甘木生徒隊長となった。私も陸軍の操縦士になりたいという夢を持った」

関口さんの兄四人のうち長兄以外は軍に入隊していて、飛行機が危険だとか、死ぬかもしれないということは全く考えなかった。「陸軍少年飛行兵学校を志願したい」と言っても両親も反対しなかったため、願書を提出。筆記試験と知能テストの予備試験を通過。この後、東京での最終検査にも合格し、四三（昭和十八）年四月、操縦適性者として福岡県の大刀洗陸軍飛行学校に入った。

そこで待っていたのは班長や上等兵らの「部下に対するしつけ」という名目の厳しい制裁だった。訓練中でも、兵舎にいても、見境なかった。敬礼の仕方など最初はうまくいかない。それを見た班長は本人を殴るのではなく、班の全員を並ばせて何十発と顔が腫れ上がるほど殴った。全体責任で班員同士のビンタもある。互いを殴り合い、相手が倒れるまでやめさせなかった。

「最初の試練は軍人勅諭を早く正確に暗唱すること。私は図々しい方だからあえて努力はしなかった。そのため『おまえはなぜ覚えんのか』と言われ、二、三回ひどく殴られた。殴られるのは悔しいが、いつかは操縦士になれると我慢して耐えた。そのうち殴られることに慣れ、軍隊はこういうところだと平気になってきた」

二、三カ月すると、要領が良くなり、上官から殴られる回数が減った。誰もが通る道だった。

同年十二月、陸軍上等兵に昇進し、名実ともに少年飛行兵に。同時に本格的な操縦教育に入り、空中感覚を体得するためのグライダー訓練が始まった。教官や助教は操縦の適性に注目していて、それぞれが戦闘機、爆撃機、偵察機といった種類のうちどれに向いているかを見極めているようだった。

結局、関口さんは戦闘分科となり、朝鮮の群山(クンサン)教育隊を経て四四年七月に向かった先は旧満州の拉林(ラーリン)だった。

「百五十時間飛べば一人前の操縦士になれる」。教官の言葉に隊員は驚きの声を上げ、その時間の長さにため息をついた。それでも、操縦かんを操れる爽快感がたまらず、優越感にも浸っていた。

長い線路を見つけると駅舎をめがけて急降下をしたり、学校の講堂に向かって急降下して急上昇したり。高圧電線くぐりや橋の下を通過するなど、一歩間違えば大事故に繋(つな)がりかねない曲芸飛行を繰り返した。「お国のためだ、早く操縦を覚えるんだ」。その意気込みは強烈で怖い物がないほどだった。

同年十二月、旧満州の四平（スーピン）飛行場に移った時はすでに米軍はフィリピンにまで押し寄せ、陸海軍ともに飛行機に爆弾を積んだ特攻隊が出撃したことが新聞紙上で報道されていた。

「陸海軍の特攻隊の戦果が、四平航空隊員で大きな話題となった。その頃までに関東軍の第二航空軍では、特攻隊の準備を始めていたようだ。四平の航空隊内でも特攻隊編成の噂（うわさ）が広まっていた」

直接の戦場となっていなかった旧満州にも戦争、そして特攻の影が忍び寄っていた。

2 「死は名誉」使命感に燃え

一九四五年春、関口さんがいた旧満州・四平飛行場では特攻隊編成の噂（うわさ）が広がる中、戦闘機の点検が始まった。集められたのは、三九年のノモンハン事件に使われた旧式で訓練用の九七式戦闘機。旧満州各地から集められた整備兵が不眠不休で修理に当たっていた。「なぜ、あのおんぼろ九七式戦闘機を集めて修理改造しているのか」と航空隊員は不思議そうに作業を見つめていた。関口さんは「何かあるぞ、普通ではない」と感じた。

関口さんの班は十五人。隊長は同じ群馬県出身で学徒出身の堀川義明少尉（一九二〇〜四五年、戦死）。六歳上で訓練のこともプライベートの話もでき、兄のように慕っていた。

「次々に特攻隊が編成されると、いずれ全員特攻となり出撃する運命だ、その日も近いと覚悟はしていた」

四月中旬、その時がやって来た。関口さんの班は第一破邪隊と命名され、関東軍総司令官山田乙三（おとぞう）大将から全員に「第一破邪隊」と書いた鉢巻きが渡された。鉢巻きには、山田乙三との署名があった。

この時編成されたのは十五人ずつの隊が三つ。関東軍総司令官から鉢巻きをもらったこと、特攻隊員に指名されたことは名誉であり、多くの隊員から選ばれたという優越感に浸った。鉢巻きを締めた瞬間、死ぬ決心が固まった。

六十八年後、関口さんは当時の心境を振り返った。

「実際に死にたくないとは思わなかったのは、不思議でしょうがない。ただ敵の機動部隊に体当たりをする、敵戦艦を自分がやっつけてやると、勇ましく死ぬことを名誉なことだと考え、使命感に燃えた」

大本営発表は勝利したとうそぶき、ミッドウェー海戦の実態は知らせなかった。ガダルカナル島奪回作戦に失敗しても国民に撤退を知らせなかった。

一方、関口さんら当時の少年は無知で祖国愛に徹し、国のために自分を犠牲にしようと覚悟していた。

毎日早朝、九七式戦闘機に二百五十キロ爆弾を搭載して航空母艦や大型輸送艦に突入するための訓練を繰り返した。ガソリン不足のため通常の飛行は一日一時間の制限があったが、特攻隊は課されなかった。

具体的には、航空母艦ならばどの位置に体当たりすれば最も効果的か。突入する角度、高度など、敵艦の地図を石灰で描いて、突入の訓練をした。

とはいえ、性能が悪いうえ故障機ばかり。離陸するたびにエンジンの故障やオイル漏れに泣かされた。関口さんら未熟練者は自信が持てず、不安を抱えた。

「訓練は草原が中心で洋上で羅針盤を使う航法の訓練をしたことはない。南西諸島特有の積乱雲に突入した時どう操縦するのか。堀川隊長はただ『俺について来い』と言うばかり。ついて行けばどうにかなるという作戦は無謀であった」

さらに敵艦載機のグラマンと遭遇したらスピードで劣る九七式戦闘機はたちまち撃墜されるに違いなかった。だが、ノモンハン事件でソ連機と空中戦を経験した上官は「大和魂があるから必ず成功する」と公然と叫んだ。グラマン機は当時のソ連機の比ではないことだけは想像がついた。

生活も一変。コーリャン飯と粗末な副食だった食事は「特攻食」と呼ばれる高カロリーの肉類が出て、毎食白米を腹いっぱい食べられるようになった。

関口さんも特攻で乗った97式戦闘機。世界で唯一の現存機が大刀洗平和記念館で展示されている＝福岡県筑前町の同館で（同館提供）

「ある意味では娑婆との縁切りであった。この世に未練を残さないため他の隊員との接触を禁止したのである」

心残りなのが家族の存在。

「知らせると家族に心配をかけるので、ぐっと耐えていた。嘘は書けないし、特攻隊で出撃するとも書けない。であれば知らせないほうが良いと思った」

五月上旬、四平を出発する時が訪れた。街の在留邦人、女子挺身隊員、小学生が日の丸の小旗を手に集まってきた。関口さんと交際していた女性は女子挺身隊の仲間と一緒ですっかり泣き顔で下を向いていた。

「私は山田乙三大将からいただいた鉢巻きをしめて、九七式戦闘機に搭乗した。満州特有の黄塵が風防を叩きつけた。風防が開けられないほどで、操縦席で敬礼しただけで奉天飛行場に向かって離陸した。操縦席から彼女の姿を追ったが、四、五機が一斉に離陸するので、飛行機の爆音で見送り人の歓声は消えた」

沖縄で激戦が続く中、特攻出撃する鹿児島県の知覧飛行場を目指し、まずは中継地の奉天（現瀋陽）飛行場へ。半月以上に及ぶ前途多難な旅が幕を開けた。

３　本当にめでたいことなのか

旧満州の四平を出発した関口さんら三隊四十五機の特攻隊は奉天（現瀋陽）を経て一九四五年五月中旬、京城（現ソウル）に着いた。宿泊先は陸軍専用旅館で、朝鮮神宮に参拝後、料亭で朝鮮軍司令官主催の特攻隊歓送会が開かれた。やがて幹部は姿を消し、特攻隊員たちだけになった。

「米軍の全艦隊を全滅させる勢いで、『大型空母撃沈』とか『大輸送船撃沈して五千人を殺すぞ！』とか、とうてい想像できないような調子で叫んでいた。酒に酔い、その言葉に酔っていた。そうした妄想に陥り、自分を納得させたかったのであろうか」

一方、当時十八歳の関口さんの死生観は、微妙に変化していく。

「操縦士を志した以上、特攻隊員に選ばれたことは日本人として名誉なことであると感激していた面は確かにあった。特攻隊員に選ばれなかった者に対して優越感に浸っていたことは事実である。四平の街の住民たちが毎日のように激励会を開いて、神様のような存在として崇(あが)め奉ってくれたことで誇りさえ持った」

それが、特攻隊員に任命されなかった人から「名誉の特攻隊員に選ばれておめでとう。頑張って来いよ」と言われるたび、裏の顔を想像するようになった。

「この世の中でただ一つしかない命を失うことが人間にとって本当におめでたいことなのか。人間不信の心は次々と広がっていった」

旅館に帰ると関口さん所属の隊の十五人で二次会を始めた。歓送会で司令官は「おまえたちだけを決して突入させることはしない。最後には私自身、参謀はもちろん最後の一機でおまえたちの後を追う」と言った。堀川義明隊長はこの言葉を激しく批判した。

「おいおまえたちよく聞け。あの言葉を忘れるな。これまで出撃する特攻隊員の前でおまえたちだけを犠牲にはしないと大見えを切っておきながら特攻隊機に搭乗して突入して戦死した参謀が一人でもいたと思うか！」

軍司令官や参謀は操縦かんを握って突入するわけではない。安全な場所にいながら勝手に作戦を立て、特攻隊員を計画通り敵の中に放り込めば、任務は終わる。特攻機突入数とその成果で胸の勲章が増すだけだ。軍隊組織の宿命ともいうべき、人殺しの原理は戦争が続く限り終わりというものはない。犠牲になるのは常に部下の兵隊である。

それでも「俺は隊長として全員の命を預かっている。いかなる事態が起ころうとついて来い」と言われ、隊員一同は「この隊長とならー緒に死ねる」と心を新たにしていた。

しかし、隊長の苦悩は日に日に深まっていく。なぜなら、これまでの関東軍の航空隊は旧ソ連との戦いに備え、大陸の広野で訓練してきた。ところが、今度の戦争は中国の西部基地から旧満州の鞍山（アンシャン）工業地帯を爆撃したＢ29重爆撃機で分かるように、全く規模と戦力が違うのだ。

関口さんらが乗っていた九七式戦闘機は三九年のノモンハン事件で活躍した旧式だ。それに二百五十キロの爆弾を付け、鹿児島県の知覧飛行場から途中で待ち伏せる米軍機の中を突破し、六百五十キロメートル先の沖縄まで飛ばなければならなかった。

隊長は「知覧以後の海上飛行訓練と航空地図では航法をやったことはあるが、幹部候補生の試験以後やったことがないなあ。満州時代は草原ばかり。必要がなかったからな」と話した。

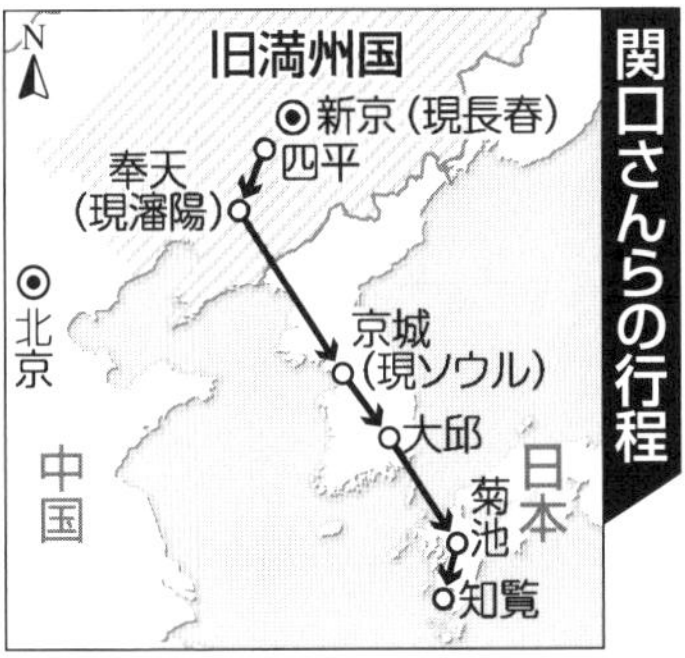

関口さんらの行程

「特攻隊の先頭で編隊を誘導する隊長が、航法を知らないとはどういうことか。隊長の様子では恐らく羅針盤を操作したり、天体観測をしたり、定規を使ったりしたことがないのではないだろうか」

他の隊員が言葉を失いつつ、関口さんはなおも平然と振る舞う堀川隊長に何か自信と根拠があるように感じていた。

大邱（テグ）最後の夜、隊員たちが酒を酌み交わしながら特攻への不安を語り合っていると、「ただ一つだけ成功の可能性がある」と隊長は自信ありげに切り出した。

それは、敵グラマンに対等に戦える優秀な戦闘機を全機特攻隊の援護機としてつけ、援護機がグラマンと戦闘する隙を突いて、九七式戦闘機が敵の防護壁を突破する――というのだ。関東軍の第二航空軍司令官は第六航空軍参謀長から「特攻機には必ず援護機をつける」と約束を取り付けたという。この約束が守られれば突破口は見いだせる――。

旧満州で特別な情報網を持っていた隊長ならではの賭けだった。前途多難な「初陣」にわずかな光が差したかに思えた。

4　欠陥機に援護なく　怒り

関口さん所属の特攻隊十五機は一九四五年五月中旬、朝鮮半島の大邱飛行場を出発するとただちに洋上三十メートルの低空飛行を続けた。

「隊長は海上飛行を特攻出撃訓練の第一段階と考えていた。本格的な洋上訓練をしていなかっただけに、白波が続く海峡はまぶしいほどの青さで迫り、機体が海面に沈みそうな恐怖感に襲われた。大きな波のうねりの底に沈みそうで、一瞬息をのんでぼうぜんとした」

玄界灘を越え、鹿児島県の知覧飛行場に向かっていた十五機はいったん熊本県の菊池飛行場に着陸した。

格納庫付近を見ると、鉄の塊が山積みになっていた。敵機グラマンの波状攻撃を受けた特攻機のエンジンの鉄くずだ。米軍の火力は想像以上だった。

隊長の堀川義明少尉も衝撃を受けていた。べっとり付いたオイルを、旧式である九七式戦闘機の操縦席の風よけの外から拭き取ると、重い口を開いた。

「海峡飛行中も全機がオイル漏れだ。あの状態じゃ、知覧を出て沖縄に着く前にエンジンは焼きついてしまうぞ。こんなおんぼろ機で目的を果たせるのか」

隊長はさらに強い怒りを込め、こう吐き捨てた。

「沖縄出撃で援護機を付けたのは、最初の数回だけだそうだ。これじゃ特攻隊員をだましたことになるんじゃないか。（新鋭の）四式戦闘機が援護に付くか否か、九七式戦闘機の特攻隊には重大な人生の分かれ目になる。援護機を期待して出撃したのに、それが全く姿を見せなかった時の国家の裏切りというのは、これほど重大なものはない」

約束はほごにされていたのだ。

知覧を出れば、沖縄に行く途中は徳之島か喜界島（ともに鹿児島県、奄美群島）しか飛行場はなく、助かる見込みは低くなる。こんな無責任な計画を誰が立てたのか、それを強いられる隊員は哀れである。しかし、それが軍の命令となると拒否できないのである。

この頃、関口さん所属の隊は旧満州の第二航空軍から西日本管轄の第六航空軍の下に移った。

菊池飛行場に滞在中、隊員らは小劇場のような建物の座敷に招かれた。女子挺身隊がビワの皮をむいて皿に盛った。

「大邱のリンコとナシを思い出すなあ」とある隊員が声を上げた。「リンゴ」を「リンコ」と言ったことに挺身隊員たちは笑い転げた。実は隊員十五人のうち二人は朝鮮出身で、「リンゴ」とうまく言えず「リンコ」となまったのだ。挺身隊員たちはそんな事情など知るはずもなかった。

それでも関口さんたちにとってともに出撃する戦友に変わりはない。「こらっ！　リンゴと言おうとリンコと言おうと腹の中に入れば同じだ。ビワも一緒に仲良く食べろ！」と気遣うと、宴会は盛り上がった。

翌朝、関口さんだけが機体の修理と再検査で出発延期が決まっていたため知覧での再会を約束しながら戦友たちを見送った。関口さんもトラックで飛行場に向かった。検査官の将校から衝撃的なことを伝えられる。

「このおんぼろ飛行機でよく事故を起こさなかったな。単なる鉄の塊だ。エンジンも悪いが、不良のオイルでは任務は果たせんぞ。修理の段階ではなく廃棄処分してもおかしくない」

テストの結果、プロペラの回転数に大きなムラがある上、オイル漏れで風よけの視界が悪く、知覧到着が限度という。隊の半数以上は飛行不能の欠陥機と知りながら仲間を送り出したことに怒りを覚えつつ、その後を追うことになった。

愛機に向かって歩こうとしたとき、初老のモンペ姿の女性が誰かを探すように周囲を見ながら歩いているのが目に留まった。

「『母さん、俺だよ』。背の高い、頑丈な体をした飛行服姿の隊長が、両手を差し出して抱くように女性を見つめた。その瞬間、息子との最期の別れに飛行場までやって来た母親だと直感した。周囲の爆音は激しく、声は聞き取れなかったが、二人の表情を見る限り遠方から母親がやって来て再会できたのではないかと思った。わずか数メートルしか離れていない目の前の光景に涙が出て止まらなかった」

関口さんは戦後六十八年たってもその別れが忘れられず、「自分は母に出撃を黙っておいて良かった」と思っていた。もし菊池まで来られたら、出撃の意志はきっと乱れたからだ。

「やがてその女性は特攻機から離れ、格納庫の前で見送っていた。特攻機が離陸すると、体が崩れ落ち、両手を大地にたたき付ける姿が見えた」

その後を追うように最終出撃地の知覧に向け出発した関口さん。その先に残酷な運命が待ち受けていた。

5 「一緒に死ぬ」崩れた前提

一九四五年五月下旬、菊池飛行場を出発した陸軍伍長だった関口さんは、地図を広げて陸軍飛行場の位置を確認した。僚機もない手探りの操縦で墜落すれば救助は望めない。そこで同県の健軍飛行場を探し、そこから海岸伝いを飛べば、どこかの海岸に不時着できると考えた。

やがて、松林の中に知覧飛行場の白い滑走路が見えた。「よくぞ故障機で到着したものだ」。着陸するとプロペラに思わず抱きついた。

地下の戦闘指揮所で副官に到着を申告した。副官は、関口さん所属の隊は明朝出発になると告げ「乗機は、ここで整備将校の最終検査に合格すれば明朝までに爆装と改造を終える。この拳銃は万が一不時着した際の護身用で、最後まで手放さないように」と言った。とはいえ、銃は明らかに自決用だった。

戦闘指揮所前で他の隊員が出迎えた。

「もう来られないかと思ったぞ。菊池飛行場での検査結果は全機黄信号で、整備将校がどう判断するか結論は今夕しか出ない。出撃中止の可能性もある」

隊の全機に異常があることに、隊長の堀川義明少尉の表情は暗かった。出撃命令が出て全隊員に新しい特攻機が与えられるのなら納得できる。だが出撃は一部で他は残ると、みんな国のために一緒に死のうという前提が崩れてしまう。
知覧町内の旅館は満杯で宿舎のほとんどが松林に建てられた半地下壕（ごう）の三角兵舎であった。

堀川「先発したわが隊も半数はオイル漏れで心配したが、全機かろうじて知覧に到着した。だが、明朝まで結果は分からない。隊員は不安だろうが、これぱかりは運命だ。俺の一存で決めるわけにはいかない。おまえが知覧まで追いついて来てくれて、こんなうれしいことはないで！」

隊長は私の肩を力いっぱいたたいてくれた。私一人を菊池飛行場に残して全員が行った後の心細さを思い出すと、目に涙がにじんだ。

関口「もう、どんなことがあっても、一人になることだけは嫌です。少々機体の調子が悪くても出撃します」

私は隊長の手をがっしりと握り締めた。

朝までに結論が出れば、隊の中で出撃する者としない者が出る。出撃命令が出た隊員は命の保証はない。残った隊員にも次の特攻機が準備されるはずである。いずれにしても特攻隊の使命を受けた隊員の生きる道はない。

仲間たちは皆毛布を重ねた上に枕を置いて横になっていた。何機かは出撃中止を覚悟せねばならず、その表情は暗かった。

皆やりきれない重圧感で気が狂いそうである。酒をあおるほど気がめいっていた。

「『ピストルでもぶっ放してくるか』と言い残して外に出た。他の部屋から歌声や激論する大声が聞こえてきた。松の幹がちょうど人影のように見え、腰から銃を抜き、実弾を込めて続けざまに撃った。初めてのピストルの実弾射撃で体が震えた」

すると、「全員集合せい！」と隊長の声が聞こえた。全員が起立して隊長を囲んだ。

「誠に残念だが、検査に出した八機は不合格となった。皆、一つの目的のために一緒に死のうと知覧までやって来た。（旧式の）九七式戦闘機をここまで操縦してきた諸君の努力に感謝する。残った隊員は隊の再編成で数日後には、知覧から

復元された三角兵舎。関口さんたちも出撃までここで過ごした＝鹿児島県南九州市知覧町で

出撃するであろう。われわれ先発の七人は明朝、第八次陸軍航空総攻撃で出発する。与えられた特攻機が最新鋭ではなく、完全ではないことは十分承知している。しかしこの国難に対して、命をかけて敵と対決する覚悟である」

言葉が終わらないうちに、全員が抱き合って慟哭(どうこく)した。

深夜にもかかわらず眠る雰囲気でなく、子ども時代の思い出や四平で名古屋から来ていた女子挺身隊にもらった赤べこのことなどたわいない話をした。

時間が過ぎ、出迎えの軍用トラックが兵舎の前で止まった。

「隊長以下七人が荷台に乗ると、一列に並び『いよいよ出撃だ。先に行って待っているからおまえたちは後続隊のもとに続くんだ。幸運を祈るぞ!』。

トラックが砂煙を上げて飛行場の出発線へ向かった。数百機も並んだ特攻機は既にエンジンが回って、ごう音が飛行場を大きく揺るがしていた。次々と離陸していくが、どれが自分の隊か見分けがつかない。

三角兵舎の前の砂浜には、出撃できなかった隊員が両拳に砂を握り締めて泣き崩れた」

朝食が運ばれても誰一人箸を取らず、正座して涙した。先の宿命は誰も予測できなかった。

６　命と機体に　無責任な上官

一九四五年五月下旬、堀川義明隊長ら七人の出撃を見送った関口さんら八人は鹿児島県の知覧飛行場で悲嘆に暮れていた。

戦友と別れる悲しさと、これからどうなるのか、が頭をよぎった。旧満州・四平の原隊に戻って新たに隊を編成するか、不合格機の隊員だけの混成部隊になるのか――。

「知覧の整備将校の検査で不合格だった数機を分解して組み立てて新しく特攻機が完成したので、テストを兼ねて単独出撃せよとの命令が司令から出た。明らかに故障機の再組み立ての試験飛行と特攻の両任務を持たされていた」

まさに人体実験である。「この野郎、俺をばかにして」。関口さんは怒りを覚えた。「司令は兵士を殺す命令を出すだけで、人間の命など虫けらほどにも考えていない」

「司令が同乗するなら出撃しましょう」と言葉が出かかった。そんな憤りを察したのか、司令の今津正光大佐は「作戦は取り消す」と言葉を濁した。

司令からの次の命令は「特攻隊新設に伴い、第六航空軍（福岡市）で代替機を受領してただちに戻って出撃せよ」。特攻出撃しながら途中で米戦闘機の攻撃を受けて負傷し、引き返してきた伍長に、命令のことを話すと、第六航空軍司令部内の特攻隊員収容施設「振武寮」

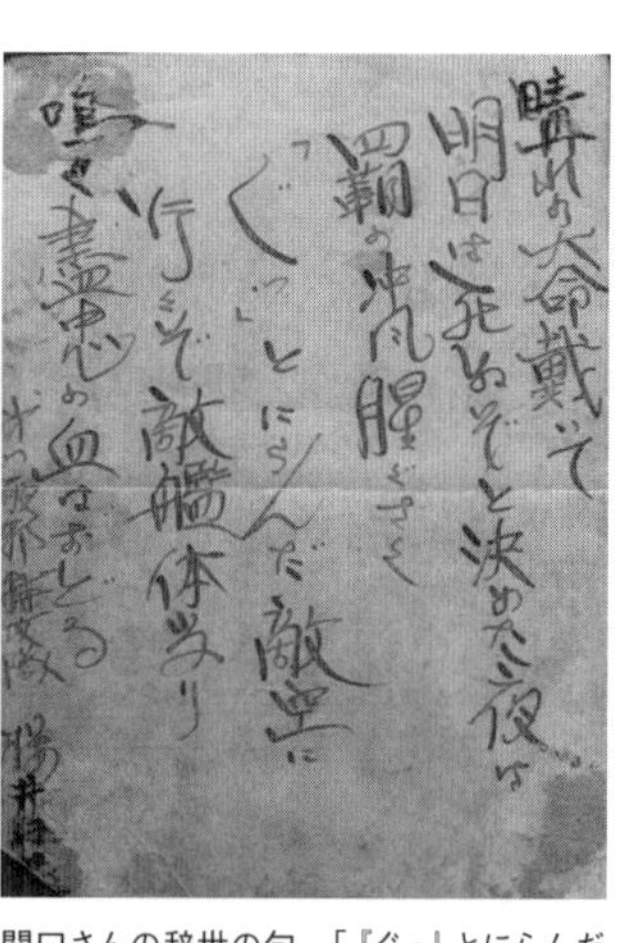

関口さんの辞世の句。「『ぐっ』とにらんだ敵空に　行くぞ敵艦体当り　ああ尽忠の血はおどる」と出撃の決意をしたためている（関口さん提供）

の説明を聞かされた。

　そこでは起床して参謀の精神訓話の後、部屋で正座し、まず帰還に対する反省文を毎日書くよう命じられ、次に教育勅語や五箇条の誓文、軍人勅諭を記す。伍長は「生還隊員を再出撃させるために振武寮をつくった陸軍の本当の狙いは徹底的に精神改造することなんだ」と話した。

「軍の命令に反して私たちが出撃の途中から引き返したわけではない。知覧飛行場の検査将校からエンジンの故障で出撃不能の〝不合格〟の証明をもらっている。だから陸軍の強制収容所に入所させられる理由はない。振武寮で代替の特攻機が準備できるまで待機するためなのか」

　鉄道を乗り継ぎ、第六航空軍の幕僚室を訪ねると、長靴を前に投げ出して座るチョビひげの小柄の男がいた。後に振武寮で特攻隊員に厳しくあたったことで知られる作戦編成参謀の倉沢清忠少佐（一九一七～二〇〇三年）だ。

「知覧の今津司令の命令で特攻機の代替機受領の申告に上がりました」と伝えると、「ばか者！　空襲で特攻機の生産どころじゃない。手配できるまで振武寮で待機しておれ」と返された。

「九七式戦闘機という欠陥機を与えられ、満州、朝鮮、内地の基地とさんざんな目に遭って来た。隊は機体の故障のためばらばらである。参謀からご苦労さんの言葉一つなかったことに強い憤りがこみ上げて来た。

私たち八人は特攻機の代替機の受領に来ているのに、それをいつ渡すのかも回答せず、隣の参謀と勝手な世間話を始めた。

参謀たちにとって、人間の命とか一機の特攻機のことなんか全く関係ないようだった」

振武寮に向かうと、衛兵も慰問に来ている女学生どころか、既に収容されているという何十人もの隊員の姿もなく、人の気配は全く感じられない。

部屋で呆然（ぼうぜん）としながら、数日前まで収容された特攻隊員が原隊に戻されたことを考えた。

「送り出した航空隊や戦隊の幹部は決して快く迎えないであろう。まさに針のむしろの立場に置かれるのではないか。特攻だ神様だと送り出された者が生還者として汚名を被（かぶ）っての帰還である。元同僚の見方もおのずと違ってくるであろう。

航空隊や戦隊の恥さらしとさえ陰口をたたかれる運命にどれほど悲しんでいるだろうか」

既に沖縄の戦局は厳しく、知覧でも特攻作戦の終わりが近づいていた。関口さんは、結果的に生還者と同じ運命をたどることを知る由もなかった。

関口さんに取材し、最初の出撃断念までを書き残した林さんの遺稿「命のしずく」はここで終わる。

「命のしずく」を通じて感じるのは、権力者たちが一つの方向を妄信した時の怖さだ。沖縄の米軍飛行場辺野古移設しかり、昨夏の東京五輪の強行しかり、今月末の安倍晋三元首相の国葬しかりだ。

当時は四四年夏のマリアナ諸島陥落で本土の大部分が空襲可能圏となり、勝ち目はほぼないにもかかわらず、軍部は「一億総特攻」を掲げて戦争継続にこだわった。結局、アジア・太平洋戦争で命を落とした日本人三百十万人の九割が最後の一年半余だったとされるほどの惨状を招いた。そんな中、国家権力に翻弄されながらも必死に生きた若き関口さん。その姿は時代を超え、一つの生き抜くすべを示している気がする。

この後は、残された取材の書き起こしメモを基に振武寮での生活から、満州、シベリアそして復員するまでを掘り起こしたい。

（中）大平原の逃避劇

１　送り返された満州で冷遇

一九四五年五月二十八日に関口文雄さんらは生き残り隊員の収容施設「振武寮」に入寮した。六畳の部屋に四人が入った。寮内は静かで、二十人ほどの隊員がいた。廊下や食堂で軽くあいさつする程度で、なぜここに来たのか一切聞くことはない。それ自体がはばかられるような雰囲気だった。

「代替機を受領したら、再び出撃しなければならないという不安な表情が表れていた。私たちのグループは騒ぐことはあったが皆やることがないから、時間をもてあましていた。最初、外出はかなり厳しかったらしいが、私が入った頃は行き先さえ言えば、別に止められることはなかった」

六月初め、仲間たち四人で博多の繁華街をぶらぶらしていた。劇場に入ると、支配人が二階の一番の上等席に案内し、「ただ今、特攻隊員の方が四人お見えになりました」とアナウンス。総立ちして最敬礼する観客たちを前に四人は照れながらも挙手して応えた。

食事は米飯とみそ汁、魚、野菜と特攻食ではなかったものの、特別腹が減ることはなかった。みそ汁は豆腐が入っておいしく、緑色のようかんはビタミンのような味がした。

ふと思い出しては軍歌を口ずさむ。「残る桜も　散る桜」という歌詞がぐっと胸にこたえた。寮は新聞もラジオもない。情報が閉ざされ、戦況は分からない。それでも空襲警報のサイレンがけたたましく鳴って防空壕に避難するたび、かなり切迫しているのだけは感じていた。

1945年6月ごろ、振武寮の外に立つ関口文雄さん（右）ら＝福岡市で（関口さん提供）

ある時、関口さんの故郷、群馬県の館林飛行場から出張で来ていた曹長と出会った。特攻隊員だと伝えると「家まで届けてやるから、今すぐ遺書を書きなさい」と言ってくれた。リンゴを包む色紙に母あてに書こうとしたが、胸が詰まって書けなくなった。特攻隊とか知覧とかは書けず、「さくら進軍」という当時の流行歌の歌詞にちなんだ文句を記した。

六月中旬、関口さんら四人だけ「満州・四平の原隊に戻り、特攻機を受領した後、ただちに知覧に行くように」という命令が出た。ガソリンも飛行機もなく、輸送機で送る余裕はない。船と鉄道で向かうにあたり、船の軍用切符と旅費を受け取った。船で山口県の下関港から朝鮮半島の釜山港に着いたとき、黙って命令に従う雰囲気ではなくなっていた。「今さら満州まで何しに行くんだ」と半分しらけた気持ちになり、途中の大邱で一日遊んでから四平に行った。

「出撃できなかったので、原隊に帰ることは、気分的には非常に暗い。八人が戦死している。みんなと一緒に行けなかった、申し訳ないという感じになった。特攻機のエンジントラブルで、自分の責任ではなくても、何か後ろめたいものがあった」

部隊長の少佐に申告すると、「なぜ帰ってきたのか」と嫌みこそ言われなかったものの、不服そうで完全に無視された。「うちに特攻の代替機に出すようなものはない。第六航空軍は何を考えているのだ。沖縄戦はもう決着がついているではないか。無駄だ」とはっきり言われた。

「航空隊の上層部には四人も原隊に帰って来たことは不名誉だという雰囲気が見えた。一般隊員も『おまえ達は本当にエンジンの故障だったのか』と口では言わなかったが態度がよそよそしいのだ。いったん特攻隊として出撃しようとして乗機の故障で成功しなかったために、そこまで白い目で見られるのか。俺達の責任じゃない。成果を上げるなら、もっとましな故障のない飛行機をくれれば良かったんだと、大声で叫びたい気持ちを抑えて我慢した。四人だけ別の部屋に隔離されたことも、感情を逆なでされるように感じた。あの冷たい空気は芯から参った」

この頃、満州の国境付近でソ連軍の動きが激しくなり、緊張が高まっていた。ソ連軍はドイツを降伏させた兵力をシベリア鉄道で輸送し、武器や食糧、飛行機も次々運んだ。当然、四平の部隊は関口さんたちを内地に戻すわけがなく、飛行機をあるだけ集めて対ソ戦に備えた。

四人は再び特攻訓練を命じられ、以前の九七式戦闘機を改造した二式高等練習機をあてがわれた。燃料不足で一般隊員は飛行時間を制限された中でも関口さんらは海上飛行を続けた。時に八月初め。九日のソ連軍侵攻が迫っていた。

2 「命助かった」終戦に涙

一九四五年八月九日、ソ連軍は国境を越えて西、北、東からそれぞれなだれのような勢いで侵攻を始めた。飛行機で爆撃を繰り返し、兵士はマンドリン銃を手に攻めてきた。兵力差がありすぎるうえ、準備不足で日本軍はたちまち壊滅状態に。関東軍は満州国の首都新京（シンキン）を早々に諦め、日本兵も在留邦人も置き去りにして南方の通化（トンファ）へ拠点を移動させた。

十四日、旧満州の四平から阜新（フーシン）を経て鞍山飛行場に移っていた関口さんら四人に飛行場の司令部から呼び出しがかかった。やって来たのは大尉で、「五十キロ爆弾を搭載して明日、ウラジオストク港の戦艦群に特攻をかけろ。九七式戦闘機があるからそれで行け」と命じられた。

「五十キロ爆弾で軍艦群に特攻攻撃を仕掛けて、どれだけの効果があるのか。大したダメージを与えることにはならないだろう。いよいよ第二の出撃が始まると思ったが、沖縄特攻と比べると、特別にむなしいものを感じた」

翌十五日朝、飛行場には翼の下に五十キロ爆弾一個をつり下げた九七式戦闘機が並んでいた。整備兵がプロペラの回転数とエンジンの音を確かめる中、関口さんたちの目に映った五十キロ爆弾はあまりにもちっぽけだった。

「ソ連との負け戦に何故(なぜ)四人をあえて投入するのか、本当に攻撃する気があるなら、大尉が自ら特攻出撃すればいいではないか。私は初めて心の底から怒りを覚えた。常に犠牲になるのは若き隊員ばかりではないか。出撃命令が出れば四人は搭乗しなければならない。だが司令部からは誰一人として姿を現していない」

四人が操縦席でスイッチを入れ、もう一度計器の点検を始めた時だった。航空本部から伝令が来て、「本日の正午より、天皇陛下の重大放送があるので、全員格納庫前に集合するように」と告げた。四人はスイッチを切り、特攻機から降りた。「天皇の放送と言ったが、国民よ、頑張れとでも激励するのかな」と誰かが言った。

玉音放送の後、頭を下げる人たち=1945年8月

格納庫前には操縦士を含め、司令部、飛行場大隊…とラジオの前に何千人と集まり、立ったままラジオの声に耳を傾けた。雑音が激しく、天皇が何を話しているのか全く聞こえず、意味が分からないまま放送は終わって皆散って行った。

やがて知り合いの航空戦隊の通信兵を通じて日本が負け、戦争が終わったことを知った。彼らは世界の短波放送を傍受しているため、ポツダム宣言の受諾や日本の降伏の報道も聞いていた。軍司令官の命令より先に通信兵の情報が他の兵隊に漏れて大変な混乱になった。ウラジオストク特攻の計画はもちろん中止、間一髪でまた運命は変わった。

「『ああ、今度も命が助かったか』。四人は飛行場の滑走路に身を投げ出して、夏の太陽を眺めた。二度の特攻の死をまぬがれたことで、立ち上がる力もなくしてへたり込んでしまった。何ともいえないむなしさがこみ上げてきた。特攻攻撃に振り回されて、戦争の終結でやっと取り留めた命。出発線に並んだ九七式戦闘機の姿を見ているうちに、涙がこみ上げてきた。人間の運命の岐路に立たされて、実感として生きている喜びをかみしめた」

ところが、「ウラジオストクの港の軍艦に特攻攻撃をかけろ」と副官の大尉から再び命令が出た。

陸軍では陸軍大臣の命令がない限り、軍隊が解散したわけではない。命令があれば、それに従わなければならない。下っ端の下士官はそのような陸軍の内規は知らない。戦争が終わったばかりなのにどうしてそんな命令が出たのか理解できなかった。

しかも、司令官でも部隊長でもない副官になぜ命令されなければならないのか。関口さんは出撃の拒否も考え、激しく怒っていた仲間三人と「いよいよになれば特攻をかけるふりをし、四平の原隊へ行こう」と相談したほどだった。そのうちソ連軍の何百台という戦車が迫っているという情報が入ってくると司令部は浮足立ち、副官はいつの間にか姿を消し、再び命拾いをすることになった。

この命令を「副官の思い付きではないか」と疑っていた関口さん。所属していた日本陸軍が明治期の創設以来初めて敗北を喫したのに伴い、棄民のような扱いとなったその後の運命は想像すらできない状況にあった。

3　「ソ連が連行？」　募る不信

一九四五年八月十五日、旧満州の鞍山飛行場で終戦を迎えた関口さんら四人は、特攻を免れても心穏やかではなかった。同じ特攻隊十五人のうち八人が知覧飛行場から出撃して戦死した。自分たちは生き残った負い目があったからだ。

数日後、それが一般航空隊員たちとの宴会で爆発した。一升瓶をらっぱ飲みするうちに悪酔いが始まった。「特攻に成功した八人は目的を果たした神さまだ」「二人の朝鮮人も突入して立派じゃないか」。戦友たちの言葉が次々胸に突き刺さり、関口さんはつい声を荒らげた。

「『何だと！　特攻隊として出撃もしないおまえたちが言うことか、もう許せん』。それまでじっと我慢していたが、面と向かって皮肉を言われると、私の正義感が許せなくなった。いきなり相手を殴り倒した。その騒動で宴会はめちゃくちゃに荒れた。戦争に負けた悔しさも手伝った」

この頃、関東軍の退却で兵隊だけが取り残され、不満がくすぶり続けた。兵隊たちはどうしていいのか分からない。戦後のどさくさで異様な心理状態だった。倉庫に勝手に忍び込み、酒や肉缶や魚缶などを奪っては飲み食いした。一番の楽しみは酒で、酔っぱらって憂さを晴らした。

日本軍の自主的武装解除が始まり、飛行禁止になっても、やぶれかぶれになっていた関口さんたちは飛行機に勝手に燃料を補給して搭乗した。阜新にも行き、ウラジオストク特攻を命令した大尉を捜した。特攻にこだわった理由を知りたかったが、見つけることはできなかった。

これまで威張っていた憲兵や警察は力を失い、鞍山の居留民は地元民による略奪や女性暴行事件に悩まされていた。関口さんたちは「よし、軍がまだ健在であることを示そうじゃないか」と話し、市内上空を飛行した。「関東軍には飛行機がある」と分かって抑止力になった。

兵舎での話題は帰国のことばかり。「これで戦争は終わった。日本へ帰れる」と本気で

1945年8月、武装解除されソ連の捕虜になった旧満州(中国東北部)の日本兵＝タス・共同

思った。ただ、ソ連軍が占領して武装解除した後、どんな命令を出すか、先が読めなかった。関東軍司令部がソ連側と終戦手続きのため交渉中といううわさはささやかれたが、情報は関口さんたちの耳に届かなかった。

同月末、ソ連の進駐軍が鞍山にきて、関口さんは正式に捕虜になった。武装解除が終わると、ソ連軍はまず鞍山製鉄所や関連工場全ての解体を命じた。そして鉄道の輸送設備を復旧させ、製鉄所の機械や資材の運搬、貨車への積み込みを日本軍の捕虜と、工場関係者や民間の在留邦人にやらせた。東洋一とも言われた製鉄所の解体は並の作業ではなく、人海戦術で終わらせようとした。航空隊の施設も解体し、窓枠やガラス一枚でも積み出した。貯蔵していた資材と食料、ガソリン燃料を根こそぎ持ち去った。

「侵攻したソ連軍は強圧的で、捕虜との間でいつもトラブルになった。私はその時、前にはいていた飛行用の半長靴が破れたので、倉庫にあった新しい長靴をはいていた。ソ連軍の兵隊が無理なことばかりいって、ドラム缶運搬を止めさせなかった。そのソ連兵を軍靴で蹴り上げて、踏みつけた。ソ連兵は倒れた」

阜新飛行場でも鞍山と同じような作業をした。山の地下貯蔵庫から駅まで三、四キロメートルを、二、三人がかりでドラム缶を転がしていった。クレーンなどなく、板を敷いてその上で押し上げた。疲労が重なり、十分な食料がないので途中で動けなくなった。すると、ソ連兵は「トーキョー、ダモイダモイ」と東京へ帰すから早く働けとわめき立てた。五千人ぐらいでやっても一週間以上かかった。

「最初は帰国を期待していたが、それはうそではないかと疑うようになった。ダモイだと言って捕虜を貨車に積み込むようになった。自分たちは全員ソ連に送り込まれるのではないか。日に日にソ連軍不信の声が上がった。捕虜を積んだ貨車が、何回か阜新を通過した。彼らがどこにやられるのか、その先の情報がいっさいなかった」

作業は十一月末まで続いた。「ソ連へ連行されて一生飼い殺しになるのではないか。もしそうなら、途中で四平街（スーピンジェ）を必ず通るはずだ。あの付近は土地勘がある。貨車から脱走して居留民の家を探し、彼らと一緒に帰国しよう」と関口さんらは考え、解体作業に使った金切りノコやペンチ類、ドライバーをこっそり服やズボン、下着の中に忍ばせた。「いざという時に役立つはずだ」。特攻を生き抜いた若者の勘だった。

４　鉄格子を切り脱走決行

一九四五年十一月末、関口さんらは陸軍飛行場があった旧満州・阜新から貨車に乗せられた。

「『ダモイダモイ』とソ連の監視兵は大声で叫んだ。さもおまえたちは日本へ帰すんだと言わんばかりだった。普通『ダモイ！』と言われると、これで帰国できると心から喜ぶが、ほとんどの捕虜は信じなかった」

「日本人捕虜をソ連国内の収容所に連行するらしい」とうわさされていた。そうなると、関口さんは一生日本へ帰れないのではないかと不安を覚えた。

貨車は百両くらい。機関車は二両、その後の無蓋車(むがいしゃ)に石炭をいっぱい積んでいた。大きな駅では石炭と水を積み込むため、長く停車

1945年、満州で武装解除され、ソ連軍将校の説明を聞く関東軍兵士たち＝ノーボスチ・共同

した。捕虜は貨車ごとに五十～七十人入れられ、扉に大きな鉄錠がかけられた。風呂に入れず、汗と油、ふんの臭い、腐ったような体臭でむんむんした。貨車の床に小さな穴を掘って、そこから用を足した。毛布二枚では夜は非常に寒く、互いに体を寄せ合って体温で寒さをしのいだ。

「途中で脱走して四平まで行けば元の航空隊があった場所だから、何とかなるという甘い考え方があった。土地勘はある。民間人（在留邦人）の所へ行って、彼らと帰国すればいいと簡単に考えていた」

関口さんら特攻隊員四人は「大したことはない。やるぞ」という意見で一致した。十八、十九歳の血気盛んな少年ばかり。最前線の知覧まで飛び、満州に戻ってきた後もずっと一緒にいる、いわば「血の結団」だった。

むろん脱走の危険も考えていた。大きな貨車の上にソ連の監視兵がマンドリン銃を抱えて警備している。万が一気付かれた場合、武器を取り上げられた捕虜は抵抗できない。食糧や水をどこで手に入れるか、軍服で満州の寒さに耐えられるのか。とはいえ、ソ連国内の脱走は絶対に無理で、実行する機会は四平近くだけだとは確信していた。

そんな中、窓から太陽の位置を観察し続けていた関口さんは途中で日本とは逆の北に進んでいるのに気付いた。「シベリアの方向じゃないか。だまされたぞ」。貨車内は騒然とした。

私たち四人の脱走計画を練り直すうち、いつの間にか皆の知るところとなった。
「『どうするか決心がついた者は私まで知らせろ！　これは命がけだぞ！』と叫んだ」

同じ貨車の七十人の反応はさまざま。ソ連に行きたくないが、脱走しても無事帰国できる保証はない。失敗を考えたり、体調面の懸念があったり、「そのうち日本に帰してくれるだろう」と楽観的だったりする人もいて十五人での決行になった。関口さんの提案で四、五人ずつでの行動になった。

四平に近づく。誰もが脱走を考えていたのか、何人かが金切りノコを服から取り出し、いっせいに幅一メートルの窓の鉄格子を二人ずつ交代で切り始めた。金属を切る音が監視兵に聞こえないよう車輪音に合わせて前後に引いた。関口さんは「特攻で一度死んだ身。死んでもともと。やるしかない」と言い聞かせた。

「『交代だ。桜井起きろ、四平はまもなくだぞ！』。脱走すれば何が起こるか分からない。今のうちに寝ておけと思ってぐっすり眠っていた。いよいよ決行か。鉄格子を切断しなければならない。暗い貨物の中で全員の目だけが異様に輝いていた」

鉄格子は大人の親指の太さで比較的軟らかく、簡単に切れた。上下を四、五本切断し、窓から体を出せるまでになった。はっきり四平街の明かりが見え、関口さんは片手を上げて仲間に脱走開始の合図を送った。高速で走っているので、事前に決めた順番に早くやらないと脱走のチャンスをのがすと考えた。

先頭の仲間が興奮しながら飛び降りると、屋根の上でソ連の監視兵の軍靴の音が響いた。関口さんはハッとして天井を見つめた。が、闇夜で発見できなかったようだった。長くつないだ貨車の上にいたのは五、六人だけ。監視が行き届かない。関口さんたちはそこを狙ったのだ。

四、五人が窓から次々に飛び出し、関口さんの番が来た。激しい車輪の音が響く中、何人かが窓枠の前までやって来て、後ろから足を支えてくれた。

「窓から身を乗り出して、タイミングを考えて飛び降りなければならない。残った者は『幸運を祈るよ』と言ってくれた。私も『じゃ、お先に！』と言って身を乗り出した」

外は暗闇で全く見えない。運を天に任せた逃避行だった。

5　邦人　ソ連軍に脱走密告

一九四五年十一月末、旧満州・四平付近で飛び降りた関口さんはしばらく失神した後、目を覚ました。

「頬に温かいものが流れるのに気がついた。顔と額を線路の砂利か何かにぶつけ、顔中血だらけになっていると知った。顔面がしびれているようだった。背のうからタオルを取り出すと傷口に当てた。額と鼻の横からの出血がひどかった」

そばにあったトランクを取って立ち上がった。関口さんの次に降りた仲間が線路を伝ってくるのを三十分ほど待ったが現れない。先に飛び降りた仲間二人と合流しようと、貨車の進行と逆方向へ歩いた。鉄橋を渡ると、暗闇から「桜井か！」と声がした。ようやく合流できた。

「『何だ、そのけがは。出血は大丈夫か？』と二人が心配した。傷はザクロの実のようにはじけていた。顔の傷がぽっかり空いて、骨か歯か分からないが指先に触れた。疲れがどっと出て足取りも重くなった。左目は流れ落ちる血がついて見えなくなった」

片目で暗夜を歩くのは大変で、何度も転んだ。湿地のツンドラが多く、誰かがはまると、あと二人が引き上げた。軍服姿だと怪しまれると気付き、集落で歩いている人と服を交換した。換えた服はボロボロで、シラミや卵がいっぱい付いていて臭かったが、とても暖かかった。

四、五時間かけて四平に着くと明け方だった。中心街の多くは在留邦人宅で、帰国できずに残っている人もまだいた。特攻隊員になった当初招かれた女子挺身隊員の家を仲間が見つけ、扉をたたいて開けてもらった。家人の目の前に飛行場で見送った特攻隊員が三人もいる。全員戦死していると思っていたから信じられないという顔をしていた。事情を話し「民間人になりすまして一緒に帰国したい」と伝えた。日本兵をかくまうのはソ連軍に固く禁じられていると予想したが、必ず助けてくれると信じた。

女子挺身隊員は他の在留邦人と南下していた。母親は関口さんの傷をタオルで拭き、応急処置をしてくれた。鏡を見ると、鼻の横は中の骨が見え、人相も変わっていた。三人は水を飲ませてもらい、疲れていたので厚意に感謝しながら眠った。

「真夜中にソ連兵がやって来て、寝ている頭を軍靴で蹴飛ばされた。ロシア語で『起きろ！』と言われ、事態がやっとのみ込めた。マンドリン銃の口を突きつけられ、抵抗もできない。何か言えばその場で殺される。体全体が凍りつくようだった。三人は体を起こすと、外に突き出され、トラックの荷台に放り込まれた」

乗り込んで来たソ連兵は五、六人。家人たちが「体をお大事に…」と言って送り出すのを見て、関口さんはソ連軍に密告されたと悟った。しかし、六十八年後、当時をこう回想した。

「日本人が日本人を裏切って密告したと恨みがましい気持ちがあったが、しばらくして考えると、ソ連の支配下で、脱走兵を発見したら必ず知らせるよう命令された場合、それもやむをえないことではないかと、彼らの置かれた立場を考えて許す気になった」

この後、三人は旧警察署の留置場に放り込まれた。翌日、ソ連の政治将校の取り調べが始まった。それほど厳しくなく、戦後は民家に隠れ、日本へ帰ろうと在留邦人を訪ねたと答えた。最悪の場合は銃殺刑を覚悟しなければならないため、特攻隊員だったことや、貨車から脱走したことは言

1945年8月、旧満州に侵攻、「解放」した町で短機関銃を手に巡回するソ連軍兵士＝タス・共同

わないよう三人で口裏を合わせた。シベリアに送られたのはしばらく後だった。

関口さんは周りに何度も裏切られて翻弄された。満州に戻ると航空部隊から冷遇され、ソ連軍侵攻後は関東軍に置き去りにされ、思い付きのような再度の特攻命令を受け、捕虜になった後は帰国をちらつかされながら貨車でシベリアに送られかけ、さらに脱走してたどり着いた在留邦人からソ連軍に通報された。特攻隊員という「軍神」ではなく「棄民」のように映った。

その姿は、二〇一一年三月の福島第一原発事故で避難を余儀なくされた人々と重なって見えた。原発は国策で推進されたはずなのに、十二年近くの間に公的支援は次々打ち切られ、その分「自助」を求められている。

「権力に棄てられた民　忘れられた民の姿を　記録していくことが　私の使命である」という言葉を残した記録作家の林えいだいさんが病室を書斎にしてまで関口さんの物語を現代に伝えようとした、その執念のよりどころを垣間見た気がする。

（下）凍土より帰還

1　シベリア　飢えと重労働

一九四五年暮れ、関口文雄さんたちは四平の駅で再びシベリアに向かう貨車を待っていた。

「とにかくソ連兵は、日本の捕虜の持ち物を欲しがった。持っている時計とか万年筆を強奪した。ポケットの中まで手を入れて、目ぼしいものを奪った。それを見た憲兵が怒って、そのソ連兵を殴った。捕虜たちは呆気に取られて見ていた」

捕虜たちが乗せられたのは、百両ほどの貨物列車。捕虜の食糧として牛とか馬、豚が四十〜五十頭ずつ載せられた。食糧用の賄車も二、三両連結して、その前後の炊事車で捕虜の炊事班の係が料理をした。ソ連軍が日本の関東軍から没収した米や麦、馬鈴薯、タマネギ、コーリャン、トウモロコシを運んだ。捕虜が五千人以上いたから量も相当だった。

駅や満州、シベリアの原野でソ連兵が牛や豚を撃った後、炊事班が大きな包丁で調理する。一番いい部位はソ連兵がステーキで食べ、残りは小さく切って捕虜のスープに入れた。肉の匂いがする程度で油が浮いていた。それでも匂いをかぐだけで栄養が取れた気になった。

貨車に板で棚を作り、上の段、下の段に寝るのだが人が多過ぎて横に寝そべることができない。あぐらをかいたり、腰掛けながら脚を立てたりすることしかできない。歩く空間もない。腰がしびれ、一カ月すると半病人のように青白い顔でうずくまっていた。横になれない苦痛は拷問だ。風呂に入れず、体はシラミだらけ。いくら掻(か)いても痒(かゆ)くてたまらない。

シベリアに入ると平原や原始林が続いた。十二月は冷たい風が嵐のように吹き荒れ、一日中吹雪のように。軍隊用の毛布二枚を頭からかぶっても、あまりの寒さに震えた。

「あの大平原、そして広いバイカル湖のそばで停車しても捕虜は脱走する気もない。脱走しても食べる物がないので飢えて死ぬ。人家もほとんどない。どこへ向かって逃げるのか、完全に脱走はあきらめていた」

四平から三十五日かけて着いたのが東シベリア南部・イルクーツク。工場や市場がある大きい町だった。関口さんたちは貨車から降ろされ、ラーゲルと呼ばれた捕虜収容所に入った。

最初の仕事は馬の飼育。群馬県出身の関口さんは牛馬の世話に慣れていたこともあり、非常に楽だった。農家が小屋にやって来ると、いろんな荷物を引き渡した。地元の老人たちは、捕虜たちが腹をすかせていたとき、ジャガイモの煮ものを持ってきてくれた。彼らはソ連政府の捕虜に対する考えと違って、非常に人間的に扱ってくれた。
この頃、旧日本軍の階級は関係なくなったはずなのに、将校面して兵隊に「食事を持ってこい」と命令する中佐がいた。

「（中佐は）『おまえの階級は？』と聞いた。『ふざけるな、捕虜になった以上、階級もクソもあるか！』と私（関口さん）は怒鳴り返し、中佐の階級章をすべて投げ捨ててしまった。（中佐も）大変怒ったが無視した。『もうあんたは中佐ではなく、一人の捕虜として同等の人間だよ。もういいかげんにして、階級意識を捨てなさい』と私（関口さん）は言った。別の兵隊も中佐を批判した。相当の権威がある中佐であっても集団で孤立すると悲惨だ。以後、中佐は自分で飯ごうを

ラーゲルでは病気で倒れた抑留者も多くいて、仲間が介抱した。舞鶴引揚記念館では原寸大の模型で再現している＝京都府舞鶴市で

手に並ぶようになった。ほかの将校も黙ってしまった」

しばらくすると、大変な重労働の石炭降ろしを任された。貨車のトン数に応じて十〜十五人に分かれ、山積みになった石炭をスコップで降ろして移動させ、それをトラックに積み込む。食糧は一日二百グラムの黒パンのみ。おかずも果物も一切ない。週一回スプーン一杯の砂糖をくれるだけ。栄養失調で腹だけが異様に膨れ、胸はあばら骨が浮いてしまった。体力を消耗して倒れるとそのまま凍死してしまう。肺炎とか高熱で寝込んでも仲間からは置いてきぼり。作業を終えて収容所に帰ると、病人はどこかへ連れて行かれたのか、既にいなくなっていた。

ソ連軍兵士は「作業を早くしろ、すぐ日本へ帰す！」としきりに言ったが、捕虜たちは皆信じなくなり、帰国の希望を失っていた。それが四七年春になると、空気が変わりだした。

「ぼつぼつ捕虜に帰国の話が出てくるようになった。目の前がぱっと明るくなって、希望が湧いてきた」

ソ連兵から何も言われずとも、二度の特攻を生き抜いた関口さんはまた運命の歯車が回り始めるのを感じ取っていた。

2　抑留1年余　迎えの船に涙

一九四七年四月、旧ソ連イルクーツクにいた関口さんたちは突然、貨車に乗れと命令された。シベリア鉄道で向かった先は極東部沿海地方のナホトカに近いマルタ。下車すると、民家が全然ない見渡す限りの広野だった。港から引き揚げ船が出ているナホトカではなくがっかりしたが、近く帰国できるのではないかと期待した。

駅から少し歩き、兵舎らしき古い建物の収容所へ四千～五千人が入れられた。半地下式の掘っ立て小屋は雨風をしのぐ程度の粗末なバラック。ソ連がドイツ戦のさなか、若者を集め、前線に送る前の教育訓練のために急いで建てたらしい。ドイツ降伏後は満州侵攻用の基地となったが、対日戦が終わると空き家

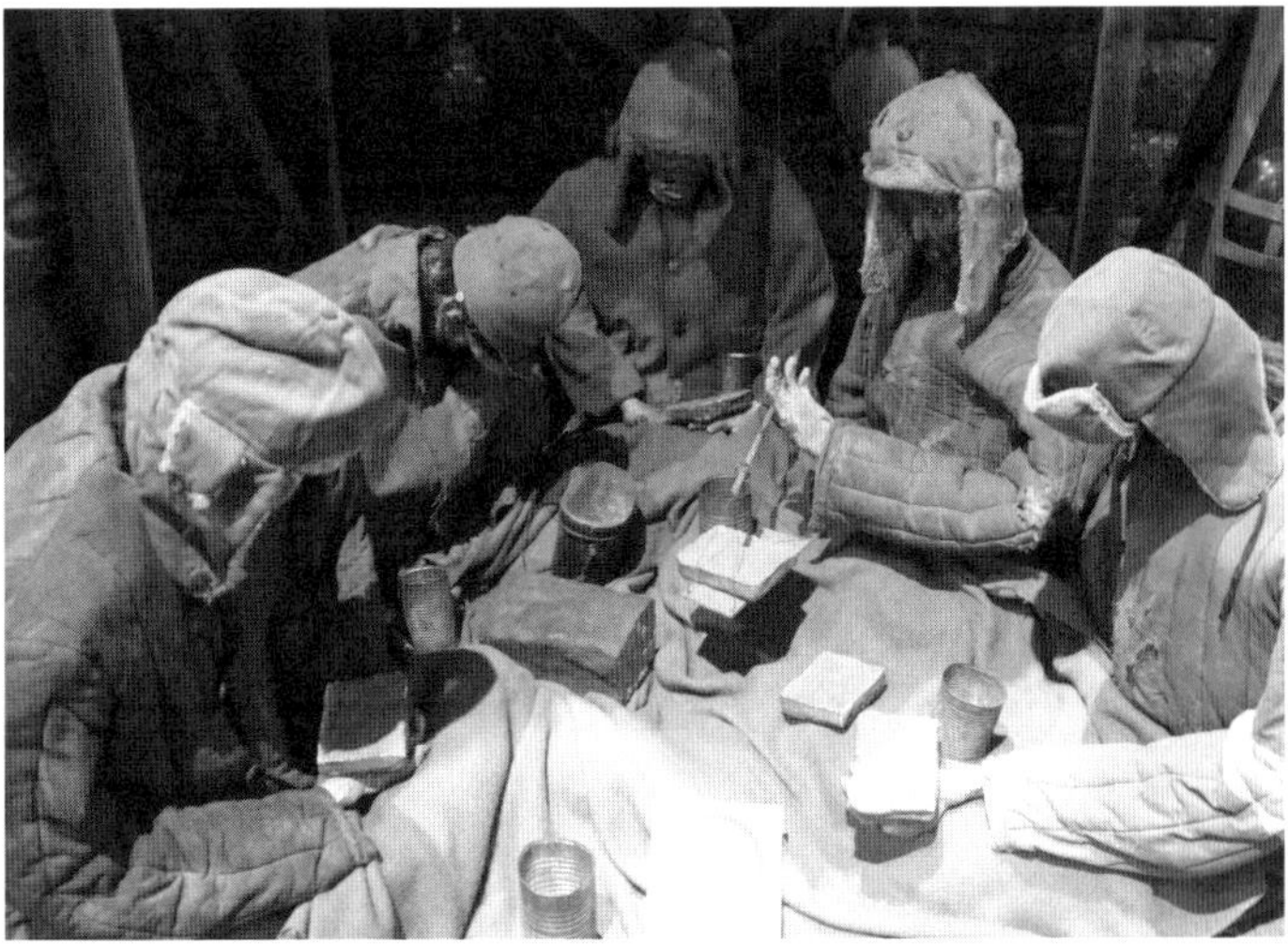

食事の様子のジオラマ。均等に配分するため、右から2人目の抑留者が手作りのてんびんで黒パンの重さを量っている＝京都府舞鶴市の舞鶴引揚記念館で

になって荒れ果てていた。

中はノミやシラミ、南京虫の巣窟と化していた。シラミに食われた部分は腫れ、無意識に掻きむしっていた。服の縫い目にシラミがびっしり卵を産み付け、たまらず暖炉の横に服をかざすと、血を吸って太ったシラミが熱気ではじかれ、「パチッ、パチッ」と音を立てて落ちた。まるでゴマを鍋でいっているようで、皆面白がって毎晩シラミを退治した。収容所で唯一の遊びだった。

何日たっても帰国の様子はなく、ソ連側に確認すると作業のための部隊ということだった。関口さんは改めて行き当たりばったりなやり方を思い知った。

「ロシア語の少し分かる捕虜の話によると、日本から迎えの船が来ないと言われたのだった。日本の国はわれわれ軍人を見捨てるのかと、怒りがこみ上げてきた。ソ連への憎しみが、日本政府の方へ向いた。日本政府の犠牲でソ連に抑留されたわれわれを無視するのか、と」

作業は自動車の木材燃料を作ること。運転台のすぐ後ろの釜に入れて走らせるための燃料だ。原生林で木を伐採し、まきにした。ヒノキのような堅い木を大型のこぎりで切って積むが、班ごとに一日のノルマがあり、達成すると終わった。伐採を終えると木材のまき割りがあった。まきは家庭や工場の燃料にするため、貨車で近くの都市に送った。

食事は一人当たり一日二百グラムの黒パンを支給された。

「切ったものが小さいと文句が出る。少しでも大きいものを取ろうとするので、皆の前で炊事班が納得する大きさに切って分配した。切る大きさによって喧嘩になる。食うか食われないかで争って、あさましいが、生きるために争いが起こる」

食べ方はそれぞれ。朝一度に食べて昼や夜は水を飲んで飢えをしのぐ人も、三等分して朝昼晩とする人もいたが、残すと盗まれる危険があった。夜はたまに飯ごうのふたに半分ほどのスープの配給があったが、それでも一日中腹をすかしていた。

マルタでは、共産主義教育も始まった。帰国後も共産党員として働いてもらおうとしたのは見え見えだった。ソ連人でなく、捕虜の中にいた共産主義者やシンパを利用し、推進者として派遣した。関口さんは「いよいよ最後の手を使ってきたな」と感じ、ソ連に迎合した彼らを内心軽蔑したが、帰国は目前だ。辛抱して、言われた通り革命歌を朝昼晩と歌い続けた。

ある朝、「東京ダモイ！」と言われた。しばらく信じられなかった。ナホトカまで二時間ほど歩くと、大型テントがいくつも張られていた。帰国者のための収容所だ。集合命令が出て全員が整列し、乗船前の点呼があった。やがて船腹に赤十字の白いマークが付いた大型客船が港の岸壁に横付けされた。日本から迎えに来た引き揚げ船だ。感激のあまり目に焼き付けていると、デッキで白い制服を着た看護師の女性が「兵隊さん、兵隊さん」と手を振った。瞬間に世界が変わった。女神のようで皆泣いて喜んだ。

「船員たちはデッキで下を眺めているだけだった。下にはソ連の警備兵が警戒していた。タラップに足を掛けた途端にドーッと駆け上った。引き戻されたら最後。船員たちが『ご苦労さんでした』と日本語で挨拶（あいさつ）すると、それだけで涙が流れてきた。デッキから下の船室へ行くと、みんな喜んで大騒ぎしていた。苦しかったシベリアの出来事が次から次へと思い出されて、眠らずに語り明かした」

二千人が乗船した。二度の特攻を生き抜き、ソ連軍の捕虜として途中脱走しながらも一年余りの抑留生活を強いられた関口さんの「戦争」がようやく終わろうとしていた。

３　大切な教訓　理解されず

一九四七年五月一日、ナホトカを引き揚げ船で出港した関口さんは京都府の舞鶴港に向かった。船内ではシベリア時代に威張っていた捕虜の共産主義のリーダーたちが何人か呼び出され、殴られていた。

「だんだん舞鶴に近づくと、船上から日本の青々とした山が見え、やっと祖国に着いたと感激した。苦しかった抑留生活をふと思い出して、本当か信じられなかった。自然に涙があふれ出た。木の新芽が吹き出した頃で、その緑の新芽が鮮やかで、とてもきれいだった。みんなおえつした」

まる一晩で舞鶴に着くと、船内で朝食を取ることに。関口さんら数人はお焦げの飯が食べたくなり、厨房（ちゅうぼう）に押しかけた。硬い焦げた飯をかみしめると、涙が出た。下船し、プールほどの風呂に何年ぶりかで飛び込むと収容所でもらったシラミだらけになった。有機塩素系殺虫剤のＤＤＴの粉を頭から吹きつけられ、頭からまつげまで真っ白になった。

翌朝、舞鶴で食事を済ますと引揚援護局で用意してくれた現金とにぎり飯、故郷の群馬県高崎市までの切符を受け取った。舞鶴から汽車に乗り、京都、東京経由で高崎に着いた。

実家には両親と兄夫婦がいた。「お母さん、ただ今帰りました」。戦後一年半も消息が分からなかっただけに、母親は死んだと思っていた息子の姿にしばらく呆然としていた。後に「夢を見たようだった」と顔をクシャクシャにして喜んでいた。

「四平街近くで貨車から脱走し、大けがをした。打ちどころが悪かったら即死していたかも。再びシベリアへ送られても、早く帰国できたのは奇跡的だった。知覧から出撃しようとして、エンジントラブルで中止になって命があったことも人間の運命。不思議と助かった」

実家には、関口さんが福岡市の生き残り特攻隊員の収容施設「振武寮」にいた四五年六月、群馬県から出張で来ていた曹長に託した遺書が届いていた。たまたま母親不在で、受け取ったのは父親だった。明らかに辞世の句の文面だったため、かつて軍隊にいた父は息子が特攻隊員になったと悟り、母親に見つからないようしまっていた。父は戦死公報が来ると思っていたが、届かなかった。

「俺は石塔を建てる算段をしていたんだぞ。だが、母さんは反対したんだ。あの子は絶対に帰ってくると言って聞かないんだ。兄たち三人が復員してきても、おまえだけ来んから、もう半分は諦めていたよ」

父親の言葉を聞き、関口さんは帰宅した時の反応に納得した。遺書は気恥ずかしさもあり、破って捨てた。

帰国から一カ月後、連合国軍総司令部（ＧＨＱ）から出頭命令のはがきが届いた。戦犯にされるのでは、と心配しつつ指定された東京のビルに行くと、聞かれたのはシベリア抑留の話。作業や抑留先の工場のことでソ連国内を探りたいようだった。

実家には五男の関口さんを含め、出征した四人が全員戻ってきた。両親には喜ばしいことだが、生活費もかさんだ。就職難の時代だ。高校卒業資格が欲しかった。関口さんは高崎工業学校を途中でやめて少年飛行兵学校に行ったので同校に復学の交渉をしたら「何とかしてやるよ。国のために特攻隊に入ったんだから」と卒業を認めてくれ、そのまま法政大に入って卒業した。

そうして就職したのが陸上自衛隊。火器専門職として管理部門に配属され、主に爆薬関係の管理と検査に携わった。

「自衛隊の教育の時間に昔の軍隊の教育と特攻隊の話を随分したが、詳しく話してくれと言ってくる者はほとん

中国やソ連などからの引き揚げ者や、その帰りを待つ家族であふれていた＝1953年12月、京都府舞鶴港で

どいなかった。自衛隊の幹部でさえ聞く耳を持たない。特攻隊は、戦争の本質を考えるのに、これほど良い教訓はないはずだが」

「ご苦労さんでした」と言ってくる一般の大学出身者はいたが、「過去の考え方だ」と決めつけてばかにしたような防衛大幹部の態度に嫌気が差した。

退職後も「話しても分かってもらえない」と戦争の記憶を心に封印してきた関口さん。そんな関口さんが八十七歳になったとき、一人の記録作家から手紙が届いた。送り主は福岡県の林えいだいさんだった。

4　「私が証言」　生き残った使命

二〇一三年八月、群馬県高崎市に住む関口さんの元に手紙が届いた。差出人は福岡県の記録作家、林えいだいさん。丸っこい字でこうつづられていた。

「特攻出撃、振武寮、そして極寒のシベリアから、よくぞ復員できたと、その苦悩と飢え、重労働に耐えた運の強さと生命力にただ敬意を表します。並の精神力ではなかったと思います。関口さんの一生、そして青春時代の生きてきた道をぜひお聞かせ願いたいと思います」

1945年春、特攻隊を編成した頃の関口文雄さん＝旧満州で（関口さん提供）

関口さんは「一週間後にでも会いに来たい」という林さんのはやる気持ちに応え、約七十年前の戦争体験を明かした。十月にも二泊三日で訪れ、計十時間以上熱心に取材する林さんを次第に信頼するようになり、本心を語るようになった。

特攻に話が及ぶと「これほど愚かな作戦はない」と断言。日本を敗戦に追い込み、結果的に特攻作戦を飛行士に押しつけた大本営参謀ら戦争指導者の責任を厳しく追及した。

「戦争体制に追い込んだ軍国主義の教育自体を究明しなければならない。特攻隊がなけりゃ、日本は負けちゃうといった美談に仕立て上げた。そういう空気を作り上げた教育が怖い」

十六歳で少年飛行兵を志願したのも、こうした教育の影響だった。陸軍に入ってマインドコントロールされ、戦局の悪化で特攻隊が編成されると「自分も行かなければ」と使命感に燃えた。戦争指導者にとって都合のいい軍人になっていた。

「出撃までの葛藤、人には分からない苦悩の毎日、そして出撃時の機体の故障で日常の生活に戻り、今度は（生き残り特攻隊員の収容施設の）振武寮で特攻再出撃のために待機した。命令があればすぐ出撃で、一寸先が読めない。待つ時間の苦しさは人には言えない苦痛だった。早く人生の決着をつけたいと思い詰めた」

若い頃は、特攻で突入したと思ったら夢から覚め、「生きているんだ。日本へ帰ってきたんだ」と思い直して、安心して眠ったこともよくあった。晩年は満州での逃避劇の夢を見ることが増えた。貨車から脱走し、やっとたどり着いた在留邦人宅で眠っていると、密告を受けて駆けつけたソ連兵の軍靴で頭を蹴られ、目を覚ました瞬間、目の前にマンドリン銃の銃口を向けられた恐怖がよみがえった。体に染みついて離れないのだ。

「午前二～三時ごろ夢を見て、そのまま眠れなくなる。焼酎を飲んで勢いで眠ってしまう。翌朝は体も神経もくたくたになって朝から気力がなく、一日中ぼーっと過ごしてしまう」

こうした体験は「一生付きまとい、消えることはない」と悟った。シベリア抑留体験の飢餓状態は一生記憶の中で離れず、子供たちが食べ物を残すと怒り、自らが年を取った後も残さないようになっていた。

「運があったから生き永らえた。沖縄で突撃した仲間は死んでしまって、永遠に語ることはない。かろうじて生き残った私（関口さん）が証言するしかない。でないと特攻の記録は消えてしまう」

こうした証言を林さんはその後、録音テープから取材メモに書き起こし、原稿の下書きに取り掛かったが、書籍化を果たせないまま、三年後の一七年九月に八十三歳で世を去った。さらに三年後の二〇年五月、関口さんも戦友たちの元へ旅立った。残された百三十六枚の下書き原稿と四百枚近い書き起こしメモは今も福岡市の林えいだい記念ありらん文庫資料室に眠る。

関口さんの証言から感じたのは、純粋な若者がその場の「空気」から逃れられず、翻弄されていく姿だった。軍国教育によって少年飛行兵になった後、特攻に指名され、いつの間にか行く気になる――。これこそが「特攻狂想曲」の正体なのだろう。

それは軍国教育のない現代ですら同調圧力という形で現れる。新型コロナウイルス禍の「マスク警察」「自粛警察」がまさにそれで、一般市民の間に一種の思考停止が起き、休業しない店をバッシングしたりしたのは記憶に新しい。

そう考えると、改めて公害や朝鮮人強制連行、特攻などで六十冊近い著書を出してきた林さんが関口さんの半生から光を当て、世に伝えたかったものを垣間見た気がする。すなわち数々の社会問題を今も生み続けている日本型組織の病巣の根幹、つまり「空気」の恐ろしさだ。

エピローグ

慰霊祭の後、特攻隊員遺族の村山公一さん（左）と話す筆者＝2022年3月、東京都千代田区の靖国神社で

責任不問体質　根深い日本

「何の因果でかゝる場面に巡り合は（わ）したかと、愚痴の一つも言いたくなるのが偽らぬ真情である」

陸軍第六航空軍のトップとして九州から多くの特攻隊を出撃させた菅原道大元中将（一八八八〜一九八三年）は回想録「特攻作戦の指揮に任じたる軍司令官としての回想」（一九六九年）でこう記している。この人ごとのような言葉ほど、特攻の指導者としての本心が出ているものもない。

足かけ五年、連載は四十六回を数えた。それは、大学院から十八年続けてきた陸軍航空特攻隊研究の課題や論点を整理する絶好の機会になった。

例えば、陸軍航空特攻が始まるまでの過程だ。旧日本軍には空軍はなく、特攻は海軍と陸軍それぞれが航空兵力を動員して行った。海軍がまず始め、陸軍は対抗意識から追随した、と推測される。

この間、航空本部の中枢にいたのが菅原元中将だった。私は彼こそが、海軍に後れを取った陸軍の組織決定がいつ、どこで、どのように決まったのか、を知る最重要人物と考え、防衛省の史料室に通ったが、手がかりは見つからなかった。一九五〇〜七〇年代に当時の防衛庁防衛研修所戦史室が公刊戦史として「戦史叢書」を編さんするため、当時の軍指導者から聴取記録を多く取ったにもかかわらずだ。

菅原元中将の回想録を読む限り、記憶は鮮明なのに、なぜその部分の記述はないのか。たどり着いた答えは二つ。当時の戦史室は旧軍関係者も多く、元上官の菅原元中将に断られて諦めたか、そもそも忖度してあえて触れなかったか。歴史として後世に残す以上、至った過程を記さなければ、検証は不可能だ。責任に触れないという組織の論理が垣間見えたように思えた。

国が責任と向き合わない構図は二〇二〇年秋、当時の菅義偉首相による日本学術会議の会員候補六人の任命拒否に重なった。六人は安全保障関連法や特定秘密保護法などに反対していたが、菅首相は「総合的、俯瞰的」といったあいまいな説明に終始した。岸田文雄首相になっても明確な説明はない。政府は会員選考方法を変える法改正案の今国会の提出を見送ったが、会議のあり方の議論を続ける構えだ。それは論点をすり替えてでも任命拒否という既成事実を正当化しようとするやり方にも映る。

特攻機が敵に被害を与えた戦果も見直しが必要かもしれない。修士論文を執筆した際、協力してくれた、生き残り特攻隊員の大貫健一郎さん（一九二一〜二〇一二年）は、私が論文で「10％台前半」とした戦果について厳しい口調でこう言った。

「これはうそだ。敵艦を撃沈させたということを戦果とすれば1％ぐらいだ」

研究に基づいた数値を間違えたわけでない。問題にしたのはその定義。大貫さんは、隊員の命と飛行機を犠牲にしながら、敵艦はほとんど損傷を受けず、すぐに戦線に戻ったケースまで特攻機の戦果としていることに違和感を持っていた。本当は、戦果も挙げられず、多くの戦友が無駄死にしたのだ。

海軍航空特攻を始めた大西瀧治郎中将（一八九一～一九四五年）は当初、「少なくとも空母の甲板を一週間使用不能にしたい」と狙いを語っていた。それが実際沈めた特攻機が出るや、軍の上層部はいつしか過大な戦果を期待するようになった。撃沈だけを戦果とすれば、大幅に減る点を踏まえると、「特攻推進者が責任逃れで作戦の成果を数字で強調したのではないか」という大貫さんの見立てに合点がいった。

これは、まさに一八年末に発覚した厚生労働省の毎月勤労統計の不正に重なる。前年までと算出方法を変えた結果、同年の賃金伸び率が過大になり、「官僚が賃金を良く見せようと忖度したのではないか」という批判が出た。功罪の論拠として扱われやすく、うのみにしがちな数値すら、実は権力側で操作されているかもしれないというのは衝撃的だった。

戦後七十八年。気付けば政府は二二年十二月、反撃能力（敵基地攻撃能力）保有を明記した安全保障関連三文書を閣議決定した。憲法九条に基づく「専守防衛」の基本姿勢からの大きな逸脱にも見える中、国会でも行使事例を示さなかった。

思い出すのは、立教大大学院時代の指導教官である粟屋憲太郎名誉教授（一九四四～

二〇一九年）だ。先生は東京裁判研究の第一人者で、「勝者の裁きの面はあるが、戦時中に国民が知らなかった実態をあぶり出した点に意義がある」と再三言っていた。これはドイツのような自主裁判がなしえなかった点も含め、戦争で負けても、勝者に裁いてもらわねば自ら反省し、過去の歴史の検証すらできない日本の体質に警鐘を鳴らそうとしたのではないかと改めて思う。

かつて記録作家の林えいだいさん（本名林栄代、一九三三〜二〇一七年）は「歴史の教訓に学ばない民族は　結局は自滅の道を歩むしかない」と書き残したが、この国の将来は果たして大丈夫だろうか――。前途ある若者を六千人以上も死なせた、かの作戦の教訓を今後も問い続けたい。

あとがき

本書は、中日新聞名古屋本社、東海本社発行の朝刊言論面「ニュースを問う」の計四十六本にわたる長期連載「『特攻』のメカニズム」を収録した。正直に言って、初めは、この連載がこれほど長く続くとは想像していなかった。

「ニュースを問う」は地域が抱える多彩なテーマを記者が掘り下げ、社会に問いかけるコーナーだ。元看護助手の西山美香さんが再審無罪になった呼吸器事件の連載もそう。特攻ははるか戦時中の出来事であり、今さら取り上げることは難しいと考えていた。

しかし、担当の秦融デスクはこう提案した。「特攻の負の側面が政界や企業、スポーツ界の不祥事といった理不尽な組織の論理につながるのではないか」。その通りだ。「歴史は繰り返す」との言葉通り、末端よりも組織の都合を優先する特攻のメカニズムが、現代でも社会問題の断ち切れない闇として根強く残っていると感じていたからだ。

そもそも、私が特攻に関心を抱くようになったのは、大学四年の時。国会議員の秘書インターンを経験し、憲法九条改正や米軍基地、靖国神社参拝といった政治的課題に太平洋戦争観とのつながりを感じた。歴史を学び直したいという思いが強くなり大学院に進み、アジア・太平洋戦争を研究した。

テーマを探す中で、偶然見つけたのが漫画家小林よしのりさんの「新ゴーマニズム宣言戦争論３」。その中に生き残り特攻隊員を収容して軍人勅諭を書かせたり、精神修養をさせたりした隔離施設「振武寮」の話が出てきた。隊員に帰還者がいたこと、隔離施設まであったことに衝撃を受けた。振武寮の研究は進んでおらず、修士論文の題材にしようと考えたが、関連する公文書がなかなか見当たらないという壁にぶつかった。当時の歴史学の世界では、根本は文献資料という考えが根強く、それがなければ研究として難しいと感じた。そんな中でオーラル・ヒストリー（口述歴史）という関係者をインタビューして記録に残す手法を知り、生き残り特攻隊員を訪ねて話を聞くことで研究を進めた。

就職は、そうした取材経験を生かせそうと新聞記者の道を選んだ。その後も仕事の傍ら、ライフワークとして研究を続けた。気付けば、連絡を取った生き残り特攻隊員は三十人近くになった一方、すぐ鬼籍に入った人も多く、彼らの生きた証しを残したいという気持ちが強くなった。そして、足かけ十三年かけて二〇一八年五月、資料集「陸軍航空特別攻撃隊　各部隊総覧」をまとめ、自費出版した。

人員は、陸軍航空部隊だけで少なくとも七百近い隊に七千人以上。意外なことに戦死者はその三分の一で、四千人以上が待機部隊として終戦日まで出撃を待っていたことが分かった。資料集を当時の上司に見せる機会があり、勧められて社内報に書いたところ、「ニュースを問う」の秦デスクの目に留まった。

私は取材と執筆にあたり、〇五年四月に兵庫県尼崎市で発生したＪＲ西日本福知山線の列車事故を思い起こした。ミスをした運転士の再教育と称し、就業規則の書き写しなどを命じる日勤教育が問題となり、振武寮に類似していると、当時から思っていた。

私のメモなどを基に、デスクと二人三脚で研究者と記者双方の視点を生かした内容に仕上げる作業が始まり、一九年五月から三回連載した。そこで終わるはずだったが、読者から「続編が読みたい」との要望が相次ぎ、応えることになった。二二年には関連動画や中日新聞Ｗｅｂに連載特設コーナーができ、平和・協同ジャーナリスト基金賞の奨励賞を受賞することができた。そして、連載は二三年五月に完結した。

「社会と企業が若い優秀な人材を育てるため、何をしなければならないか深く考えさせられた」

「何かあるたび、上の者は責任を取ろうとせず、下の者に押し付ける企業や官公庁を見ると、日本は変わっていないと感じる。正直者が馬鹿を見ることのない国をつくっていけたら」

読者から寄せられた反響は、私にとって大きな励みになった。ネット社会となった現代でも、新聞が持つ役割の大きさを改めて実感した。

国際情勢に目を向けると、二三年五月現在、ロシアによるウクライナ侵攻をはじめ各地で紛争が続き、緊迫度はより増している。戦争を防ぐためにも旧日本軍による特攻とその根幹にあるものを問い続けていくことこそ、自らに課せられた使命だと感じている。

最後に、取材にご協力いただいた生き残り特攻隊員の故・大貫健一郎さん、故・関口文雄さん、故・牧甫さん、遺族の臼田智子さん、特攻隊戦没者慰霊顕彰会顧問の故・菅原道熙さん、林えいだい記念ありらん文庫資料室長の森川登美江さんら多くの方々に、この場を借りて厚く御礼申し上げたい。また、担当デスクとして尽力いただいた秦融元編集委員、現デスクの伊東誠編集委員、寺本政司編集局長、原一文読者センター部長、出版部の伊藤多代さんに深く感謝したい。

加藤　拓

二〇二三年六月

加藤　拓（かとう・たく）

1981年4月、愛知県生まれ。東海高校、早稲田大政経学部経済学科卒。立教大大学院文学研究科（史学専攻）博士前期課程を修了後、2007年に中日新聞社入社。大学院では東京裁判研究の第一人者として知られる粟屋憲太郎名誉教授（1944〜2019年）のもとでアジア・太平洋戦争を研究した。中日新聞社では東海本社報道部、岐阜県揖斐川通信部、名古屋本社地方部などを経て20年8月から読者センター。現在は発言欄を担当。22年12月、長期連載「ニュースを問う『特攻』のメカニズム」が第28回平和・協同ジャーナリスト基金賞の奨励賞を受賞した。

「特攻」のメカニズム

2023年7月29日　初版第一刷発行
2024年5月27日　初版第二刷発行

著　　者　加藤　拓
発 行 者　鵜飼哲也
発 行 所　中日新聞社
〒460-8511　名古屋市中区三の丸一丁目6番1号
電話　052-201-8811（大代表）
052-221-1714（出版部直通）
郵便振替　00890-0-10
ホームページ　https://www.chunichi.co.jp/corporate/nbook/
デザイン　idG株式会社
印　　刷　図書印刷株式会社

ISBN978-4-8062-0807-5 C0021